FORSCHUNGSBERICHTE DES LANDES NORDRHEIN-WESTFALEN

Nr. 1697

Herausgegeben

im Auftrage des Ministerpräsidenten Dr. Franz Meyers

vom Landesamt für Forschung, Düsseldorf

DK 621.791.36

Dipl.-Ing. Herbert Littnanski

Deutsche Forschungsgesellschaft für Blechverarbeitung und Oberflächenbehandlung e. V., Düsseldorf

Hartlöten mit Silberloten

WESTDEUTSCHER VERLAG · KÖLN UND OPLADEN 1966

ISBN 978-3-663-06341-4 ISBN 978-3-663-07254-6 (eBook)
DOI 10.1007/978-3-663-07254-6

Verlags-Nr. 011697

Gesamtherstellung: Westdeutscher Verlag

Inhalt

A. Betrachtungen zum Hartlöten mit Silberloten

1. Einleitung

Der heutige Stand der Technik bringt es mit sich, daß auf vielen Anwendungsgebieten der Metall und Blech verarbeitenden Industrie u. U. recht hohe Anforderungen an die Werkstoffe und ihre Eigenschaften gestellt werden. Die Ausgangsform ist außer Stangen, Rohren und gedrehten Teilen oder Formteilen vielfach Band oder Blech, das durch Umformen weiter verarbeitet wird. Bedingt durch konstruktive Maßnahmen steht in diesen Fertigungszweigen der Fügetechnik ein weites Anwendungsgebiet offen, so daß Schweißen, Löten und Kleben als Fügeverfahren heute mehr denn je eingesetzt werden.
Während die beim Schweißen erforderlichen hohen Temperaturen und der damit verbundene Verzug für die Bauteile nicht immer zulässig sind, kommt dem Hartlöten insbesondere mit Silberloten wegen der niedrigen Arbeitstemperaturen und der erzielbaren guten Festigkeitswerte wachsende Bedeutung zu.
In den letzten Jahren wurden aus diesen Gründen gerade die legierten und hochlegierten Stähle und auch NE-Metalle verschiedenster Zusammensetzungen für alle möglichen Verwendungszwecke verarbeitet; dementsprechend müssen sich auch die Fügeverfahren hierauf einstellen. Daß mit der Zunahme an Legierungsbestandteilen nach Zahl und Höhe die Schwierigkeiten beim Schweißen und auch beim Löten wachsen, ist verständlich. Für die Praxis ist es daher nützlich, wenn eine Reihe von Stählen und NE-Metallen – auch wenn sie bisher nicht oder nur selten verwendet wurden – bezüglich ihrer Lötbarkeit systematisch erfaßt und dafür die günstigsten Lötkombinationen angegeben werden, damit man im Bedarfsfall ohne langwierige Versuche auf bekannte und brauchbare Lötkombinationen zurückgreifen oder daraus auf ähnliche Kombinationen schließen kann.
Deshalb wurden im Bereich der Forschungsgesellschaft Blechverarbeitung derartige Versuche durchgeführt und für verschiedene Kohlenstoff-Stähle bis zu 1% C mit verschiedenen Legierungszusätzen, für Cr- und CrNi-Stähle bis zu 25% Cr und 25% Ni und für Aluminium-Bronzen zum Teil mit Zusätzen von Fe, Ni, Si, geeignete Lötkombinationen bezüglich Grundwerkstoff, Lot und Flußmittel aufgestellt. Die Untersuchungen erstreckten sich auf Benetzungsverhalten und Bindung. Die Festigkeitskontrolle an Hand von Stumpflötungen wurde nur zur Unterstützung bzw. Bestätigung der sonstigen Beurteilung herangezogen. Festigkeitswerte für rechnerische Unterlagen zu schaffen, lag nicht mehr im Rahmen dieser Arbeit.
Eingehende Untersuchungen über Festigkeitswerte von Hartlötverbindungen bei steigenden Temperaturen wurden bereits von Salem [17] durchgeführt.

2. Theoretische Grundlagen und Bindungstheorien

Der Begriff des Lötens ist bekannt und wird den auf internationaler Übereinkunft beruhenden Begriffsbestimmungen der Kommission des International Institute of Welding zufolge in DIN 8505 definiert:

> Verfahren zum Vereinigen metallischer Werkstücke mit Hilfe eines geschmolzenen Zulegemetalles (Lotes), dessen Schmelztemperatur unterhalb derjenigen der Grundwerkstoffe liegt. Die Grundwerkstoffe werden benetzt, ohne geschmolzen zu werden.

Voraussetzungen für das Benetzen zu schaffen, ist Grundbedingung jeden Lötens. Deshalb muß zuerst für eine metallisch blanke Oberfläche gesorgt werden, damit die Vorgänge an der Grenzfläche zwischen Lot und Grundwerkstoff wirksam werden können.

Als Maß für die Benetzungsfähigkeit eines flüssigen Tropfens auf der Oberfläche eines festen Körpers wird sein Benetzungswinkel angegeben [1, 6, 10, 15, 19, 20]. Die Abb. 1 stellt einen Flüssigkeitstropfen auf einem festen Grundstoff dar. Hiernach ergibt sich die Gleichgewichtsbeziehung

$$\gamma_{1,3} - \gamma_{1,2} = \gamma_{2,3} \cdot \cos \alpha$$

wobei $\gamma_{1,3} - \gamma_{1,2}$ auch als Haftspannung γ_H bezeichnet wird.

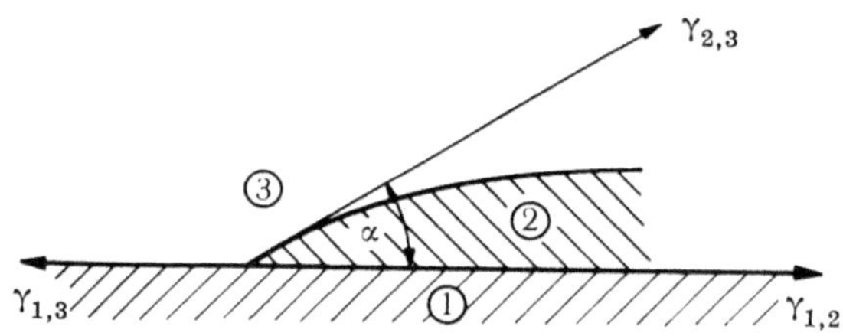

Abb. 1 Grenzflächenspannungen bei Benetzung des Grundwerkstoffes durch flüssiges Lot
1 festes Metall (Grundwerkstoff)
2 flüssiges Lot
3 umgebendes Medium (Flußmittel, Gas usw.)
γ Grenzflächenspannung

Unter Berücksichtigung der Oberflächenrauhigkeit entsteht die erweiterte Gleichung der Haftspannung; sie lautet:

$$\gamma_{1,3} - \gamma_{1,2} = \gamma_{2,3} \cdot \cos \alpha_1$$

wobei

$$\cos \alpha_1 = r \cdot \cos \alpha$$

α Randwinkel des Tropfens bei glatter (idealer) Oberfläche,
α_1 Randwinkel des Tropfens bei rauher Oberfläche

$$r = \frac{\text{rauhe Oberfläche}}{\text{glatte Oberfläche}}$$

Je kleiner der Winkel α des Tropfenrandes wird, desto günstiger ist die Benetzung. Als Grenze einer brauchbaren Benetzung wird noch ein Benetzungswinkel von etwa 30° angenommen. Darüber hinaus wird die Benetzung merklich schlechter, und bei einem Tropfenrandwinkel von 90° setzt der Beginn der Entnetzung ein. Bei zunehmend stumpfem Winkel kann das Entnetzen so stark werden, daß der Flüssigkeitstropfen zu kugeln beginnt (Abb. 2).

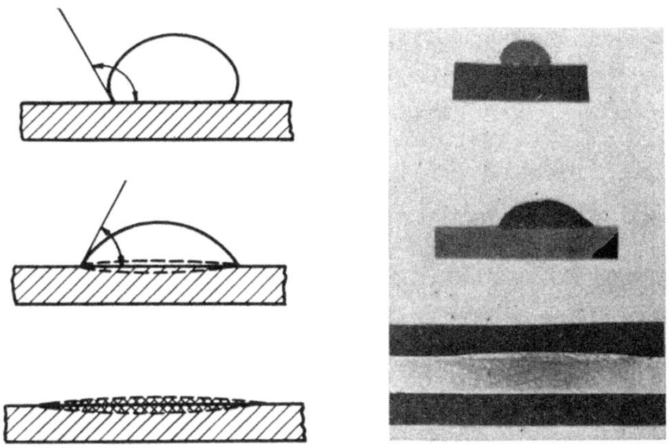

Abb. 2 Verschiedene Tropfenformen

Im Grenzfall und auch sonst kann man die Benetzung verbessern, indem man die Oberfläche etwas aufrauht. Durch den dadurch gestörten Gitteraufbau werden zusätzliche Gitterspannungen erzeugt, und durch die feinen Riefen und Rillen können Kapillarkräfte zur Wirkung kommen, die zusätzlich Energie frei werden lassen, so daß dadurch die Haftspannung vergrößert werden kann. Diese vergrößerte Haftspannung wurde bei der abgewandelten Gleichung der Benetzung berücksichtigt. Aus dem gleichen Grunde schlagen Schatz und Zimmermann [18] bei der Herstellung von Lötproben für Festigkeitsuntersuchungen vor, die Lötfläche mit einer Schlichtfeile Hieb 3 aufzurauhen, um einen guten Platzwechsel für Lot- und Flußmittel zu gewährleisten und durch einen gleichmäßigen Füllgrad in der Lötstelle den Streubereich der Festigkeitswerte einzuengen.

Für das Zustandekommen der Bindung beim Löten wurde bis heute von vielen Forschern versucht, eine Erklärung zu finden [8, 11, 14, 19]. Die Schwierigkeit liegt in den komplexen Verhältnissen beim Löten, die immer wieder andere Bedingungen an den Lötstellen ergeben können.
Bailey und Watkins [1] haben auf Grund ihrer Untersuchungen zwischen flüssigen und festen Reinmetallpaaren festgestellt, daß sich immer da, wo sich feste Lösungen oder intermetallische Verbindungen bilden, eine Benetzung des Festmetalles durch das flüssige Metall ergibt. Andernfalls tritt keine Benetzung ein (z. B. FeAg, das keine feste Lösung ergibt; hinzu kommt noch die starke Sauerstoffaufnahme des Silbers, die sich in bezug auf die Bindung ebenfalls ungünstig auswirkt).

Umstätter [16] macht die Benetzbarkeit zweier Stoffe von der Größe der thermischen Schwingungsfrequenzen der Oberflächenatome und ihrem Abstand in der Frequenzreihe abhängig.
Schatz [19] führt die Benetzung eines festen Metalles durch flüssiges Lot auf eine exotherme (wärmeabgebende) Reaktion zurück, wobei die Bildungsenthalpie negativ sein muß.
Colbus [5, 7 mit weiteren Angaben] kommt auf Grund seiner Untersuchungen zu dem Schluß, daß als Vorbedingung einer Bindung während des Lötvorganges eine Flüssigkeitsschicht an der Grenzfläche von Lot und Grundwerkstoff bestehen muß. Deshalb müssen auch alle an der Grenzfläche gemessenen Temperaturen, auch die Arbeitstemperatur, über der Soliduslinie des Lotes liegen, damit diese Flüssigkeitsschicht bis zum Bindevorgang erhalten bleibt und das Lot auch beim Ausbreiten an der Grenzschicht nicht unterkühlt wird.
Lange und Parthey [14] ermittelten durch Abreißversuche an Zinn- und Blei-Zinn-Legierungen im Vakuum, daß schon allein durch Adhäsion Haftkräfte entstehen können, die der Eigenfestigkeit des Werkstoffes nahekommen.
Aus dem vorher Gesagten geht hervor, daß bei oxidfreien, reinen Metalloberflächen bei der Benetzung eines flüssigen Lotes Atome des Lotes in Gitterabstandnähe zu den Oberflächenatomen des Grundwerkstoffs gelangen. Die Atome sind dann im Wirkungsbereich der Oberflächenkräfte, so daß schon allein dadurch eine Bindung erreicht wird (Adhäsion) [10]. Diese Adhäsionskräfte sind dann ein Mittelwert der Kohäsionskräfte der einzelnen Metallpartner. Darüber hinaus wird bei einer Affinität der Metallpartner zwischen den Atomen eine Wechselwirkung eintreten, die zur Atomwanderung und zur Bildung von Diffusionsschichten führt. Dabei spielt das Konzentrationsgefälle der benachbarten Atome und die Diffusionskonstante der Legierung, die von der Art der die Legierung bildenden Atome und der Temperatur und Zeit abhängig ist, eine wesentliche Rolle (I. Ficksches Diffusionsgesetz).
Solche Diffusionsschichten können so dünn sein, daß sie weder lichtmikroskopisch noch elektronenmikroskopisch nachweisbar sind [15]. Sie entsprechen in ihrer Dicke vielleicht der Größenordnung einer Elementarzelle und sind somit nur als unsichtbares Häutchen an der Grenzschicht zwischen den Kornflächen vorhanden [4]. Andererseits können sie aber auch beiderseits der Grenzschicht sogar als breite Zone einer neuen Phase oder Legierungsschicht sichtbar werden.
Schließlich können auch intermediäre Phasen an der Bindung beteiligt sein, die zwar nicht so sehr erwünscht sind, da sich Metallide meist spröde verhalten und die Lötung ungünstig beeinflussen können. Ihre Entstehungsursache kann auf vorhandene Legierungsbestandteile, Beimengungen oder Verunreinigungen zurückgeführt werden (Beispiel: Eisenphosphid, Eisenaluminid u. a.).

3. Grundbegriffe des Lötens

Als erstes ist die Arbeitstemperatur zu berücksichtigen, die schon beiläufig erwähnt wurde [5, 7]. Sie wird nach DIN 8505 wie folgt definiert:

Arbeitstemperatur ist die niedrigste Oberflächentemperatur des Werkstücks an der Lötstelle, bei der das Lot sich ausbreiten, fließen und am Grundwerkstoff binden kann. Die Arbeitstemperatur ist immer höher als die Solidustemperatur des Lotes; sie kann unterhalb oder oberhalb seiner Liquidustemperatur liegen oder mit ihr zusammenfallen.

Die Hersteller der Lote geben zu ihren Erzeugnissen Arbeitstemperaturen an (s. hierzu auch DIN 1734 und 1735).
Ein weiterer Begriff ist die Lötzeit. Hierunter versteht man die Zeit, die notwendig ist, das kalte Werkstück an der Lötstelle auf die erforderliche Arbeitstemperatur zu erwärmen und das Lot schmelzen und sich ausbreiten zu lassen. Die Lötzeit ist im wesentlichen von der Wandstärke des Werkstückes, der Werkstückart und seiner Wärmeleitfähigkeit und von der Wärmequelle abhängig. Ein längeres Halten der Temperatur über die eigentliche Lötzeit hinaus sollte vermieden werden, da sich daraus Nachteile für das Werkstück, das Lot und das Flußmittel ergeben (z. B. Werkstoffverzug, Entmischung des Lotes, Oxydation der Lötfläche durch Erschöpfung des Flußmittels).

4. Eigenschaften der Silberlote

Es gibt Silberlote mit Arbeitstemperaturen von etwa 610 bis 840 °C und darüber hinaus mehrere hochtemperaturbeständige silberhaltige Palladiumlote mit Arbeitstemperaturen um 1100 °C (z. B. SPM-Lote). Die niedrigschmelzenden Silberlote erreichen ihre tiefe Arbeitstemperatur durch den Gehalt an Ag, Zn und Cd. Die guten Benetzungseigenschaften kommen durch die Anteile an Cu, Zn, Cd, Ni und Mn, die sich mit vielen Elementen legieren lassen. Außerdem zeichnen sich mit Silberloten hergestellte Lötverbindungen durch Festigkeitswerte aus, die der Zugfestigkeit eines Stahles St 37 gleichkommen und im entsprechenden Verbindungsverhältnis zu festeren Werkstoffen sogar höher liegen können.
Durch die Dünnflüssigkeit der Silberlote ist der Verbrauch an Zulegematerial bei Spaltlötungen mit engen Spalten verhältnismäßig gering, so daß der hohe Preis der Silberlote durch Lotmengen-, Energie- und Zeitersparnis und weitere Vorteile größtenteils wieder aufgefangen wird; man kann daher das Löten mit Silberloten bei richtiger Anwendungsweise heute durchaus zu den wirtschaftlichen Fügeverfahren zählen.

5. Flußmittel und Spaltbreiten

Um die Metalloberfläche oxidfrei zu bekommen und während der Erwärmung und des Lötvorgangs metallisch blank zu erhalten, benötigt man ein Löthilfsmittel, das durch seine Eigenschaften diese Forderung gewährleistet. Man kann auch reduzierende Schutzgase verwenden, jedoch werden Flußmittel, die es in verschiedenen Zusammensetzungen gibt und die für Silberlote in der Hauptsache

aus Borverbindungen und Fluoriden bestehen, wegen der Einfachheit ihrer Anwendung am meisten benutzt (DIN 8511).
Da die Flußmittel beim Lötvorgang nicht nur mit den Oxiden des Grundwerkstoffes, sondern auch mit dem Sauerstoff der umgebenden Luft oder der Ofenatmosphäre reagieren, muß der Lötvorgang beendet sein, ehe das Flußmittel in seiner Reaktionsfähigkeit erschöpft ist. Andernfalls würden sich im Lot und an der Grenzfläche neue Oxide bilden und die Lötung beeinträchtigen. Deshalb sollte der Lötvorgang je nach Reaktionsfähigkeit des Flußmittels in etwa 4 min beendet sein, wenn nicht mit einem zusätzlichen neutralen Medium gearbeitet wird.
Bei Hochtemperaturloten ist ein zusätzliches Schutzgas empfehlenswert, weil der Beständigkeit der Flußmittel im hohen Temperaturbereich gewisse Grenzen gesetzt sind.
Schwer lösliche Oxide wie Al-Oxid, Cr-Oxid, Ni-Oxid erfordern Sonderflußmittel, denen meist Chloride beigefügt sind. Boraxhaltige Flußmittel sollte man beim Hartlöten von Edelstählen (CrNi-Stähle) nach Möglichkeit vermeiden, da sie sich an der Stahloberfläche zu fast unlöslichen Rückständen verbinden. Sind sie wegen hoher Löttemperaturen nicht zu umgehen, so müssen die Flußmittelreste mechanisch oder durch Beizen beseitigt werden. Des weiteren sollte man bedenken, daß einige Flußmittel nur begrenzte Zeit wirksam sind, so daß Mißerfolge beim Löten bisweilen auch dieser Tatsache zuzuschreiben sind.
Die Spaltweite beim Löten ist nicht so sehr von der Dünnflüssigkeit des Lotes und der Zähflüssigkeit des Flußmittels, welches mit dem Lot einen Platzwechsel vorzunehmen hat, abhängig, sondern in der Hauptsache von der Flußmittelmenge, die in einer bestimmten Schichtdicke vorhanden sein muß, um eine auf der Metalloberfläche befindliche Oxidhaut zu beseitigen. Die Dicke der Oxidhaut beträgt im Arbeitstemperaturbereich der niedrigschmelzenden Silberlote etwa 0,03–0,1 μm. Bei Flußmitteln der Type F-SH 1 benötigt man zum Weglösen derartiger Oxidschichten einen Flußmittelauftrag von ungefähr 0,01 mm Dicke. Bei Spaltlötungen mit zwei Grenzflächen bedeutet dies eine geringste Spaltbreite von 0,02 mm überhaupt. Deshalb sollte man aus betrieblichen Gründen die untere Spaltbreite für niedrigschmelzende Silberlote bei 0,05 mm ansetzen. Bei höher schmelzenden Loten ist diese untere Spaltweite wegen der höheren Temperaturen und der dadurch bedingten dickeren Oxidschichten und größeren Flußmittelmengen sogar auf 0,1 mm zu erhöhen.
Als obere Spaltweite ist aus Gründen des kapillaren Fülldruckes (s. Abb. 3) und einer optimalen Festigkeit der Lötverbindung beim Maschinenlöten mit Silberloten ein Abstand von 0,2 mm noch zulässig.
Bei Spaltweiten über 0,2 mm ist bereits mit einer Festigkeitsabnahme der Lötverbindungen zu rechnen. Bei Handlötung mit eingelegtem Lötmaterial ist auch noch eine Spaltweite bis 0,5 mm zu verantworten, obwohl hierbei der Fülldruck schon sehr niedrig ist. Bei Fugenlötungen liegen ganz andere Verhältnisse vor.
Für großflächige Lötungen ist es notwendig, das Lot von der Mitte zuzuführen und sich radial ausbreiten zu lassen. Werden dann noch durch Druck die Flächen gegeneinander gepreßt – es genügt schon eine Flächenpressung von 1 kp/cm^2 –,

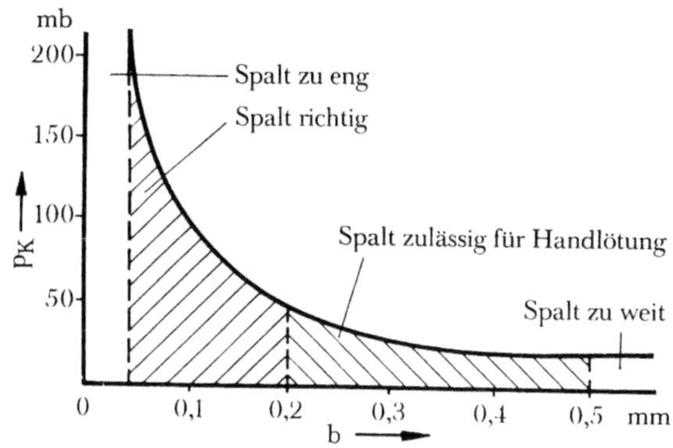

Abb. 3 Kapillarer Fülldruck p_k in Abhängigkeit von der Spaltweite *b* nach SCHATZ [19]

so wird der Fülldruck entsprechend erhöht und das Flußmittel besser nach außen befördert (z. B. Anlöten des Kupferbodens an V2A-Kochgeschirre).
Nähert man zwei Stahlflächen beim Löten durch Anpressen auf die Spaltweite null, so kann der Fall eintreten, daß bei genügender Zeitdauer in Abhängigkeit von der Diffusionsgeschwindigkeit die Ferritkristalle durchwachsen, was je nach Festigkeit des Grundwerkstoffes und des Lotes zur Erhöhung oder Verminderung der Lötnahtfestigkeit führen kann.

6. Prüfmethoden von Lötverbindungen

Das Festigkeitsverhalten stumpfgelöteter Proben im Zugversuch ist unter dem Gesichtswinkel eines mehrachsigen Spannungszustandes zu betrachten. Dieser mehrachsige Spannungszustand kann aus der Verformungsbehinderung der Lötverbindung entstehen, die sich aus Grundwerkstoff, Übergangszone und Lot zusammensetzt, und eine Änderung der Zugfestigkeit herbeiführen, die mehr oder weniger von den Eigenschaften des Grundwerkstoffes und des Lotes bzw. der Übergangszone abhängig ist [3]. Die Abmessung der Probe und die Lotschichtdicke (Spaltweite) spielen dabei eine Rolle. Bei höherer Eigenfestigkeit des Werkstoffes wird die Verformungsbehinderung der Lötnaht steigen, und bei kleineren Lötflächen wird der Fehleranteil durch Poren, Gasblasen, Flußmitteleinschlüsse und dergleichen geringer (nach Versuchen von SALEM [17] und BREDZS [2] sind Fehler bis zu 10% zulässig).
Man sollte bei Festigkeitsuntersuchungen von Lötverbindungen flächenmäßige Fehler von höchstens 5% zulassen, um die Streuung in den Endwerten niedrig zu halten. Bewegt sich die Spaltweite dazu noch im günstigsten Bereich, so werden alle drei Faktoren zu einer Erhöhung der Zugfestigkeit der Lötverbindung beitragen.
Verschiedene Verfasser, insbesondere COLBUS [9], KOCH [12] und BREDZS [2] bemühten sich, durch Untersuchungen und theoretische Folgerungen diese Zusammenhänge zu deuten, um hierüber eine Norm aufstellen zu können.

Die Kerbschlagbiegeprobe als Prüfmethode für stumpfgelötete Stäbe ist nicht zu verwenden, da die Lötfuge als zusätzlicher Kerb wirkt und dadurch der DVM-Probe nicht mehr entspricht. Außerdem setzt ein Kerb die Schlagarbeit gegenüber einer ungekerbten Probe beträchtlich herab, so daß auch die Ermittlung der Schlagbiegefestigkeit nur sehr geringe Werte ergeben wird, zumal das Formänderungsvermögen stumpfgelöteter Stäbe gegen Biegen sehr gering ist.
Die zylindrischen Scherproben geben unterschiedliche Werte, je nachdem, ob die Probe als Druck- oder Zugscherprobe ausgebildet wird. SALEM [17] hat die Unterschiede rechnerisch belegt und kommt zu dem Schluß, daß bei gleichen Verhältnissen die Scherfestigkeit durch Zugradialspannung weit mehr vermindert, als sie durch Druckradialspannungen erhöht wird. Demnach ist zur Ermittlung der Scherfestigkeit die Druckscherprobe der Zugscherprobe vorzuziehen, sofern man sie überhaupt verwendet. Außerdem ist bei allen zylindrischen Scherproben die Scherfestigkeit bei gleicher Spaltgröße von der Größe der Scherfläche bzw. der Überlappungstiefe abhängig. Sie nimmt mit der Zunahme der Scherfläche ab (COLBUS [9]). Die Abnahme der Scherfestigkeit ist sowohl auf Zunahme der Fehlermöglichkeit bei größeren Flächen als auch auf Eigenspannungen infolge unterschiedlicher Wärmeausdehnung zwischen Hartlot und Grundmaterial zurückzuführen.
Außerdem ist der Verlauf der Scherspannung über die Lotfläche nicht bekannt, es treten aber gewiß am Rande erhebliche Spannungsspitzen auf, die bei anderen Durchmesserverhältnissen und anderen Höhen ebenfalls Wertunterschiede der Scherspannungen ergeben können. Deshalb sollte man bei Scherversuchen nicht nur bei gleichem Verhältnis vom Durchmesser zur Höhe, sondern auch immer bei der gleichen Scherfläche bleiben.
SCHATZ und ZIMMERMANN [18] liefern in einer neueren Veröffentlichung einen Beitrag zur Entwicklung eines Prüfverfahrens für die Ermittlung statischer Zerreiß- und Scherfestigkeitswerte von Spaltlötverbindungen. Dort wird einmal die Stumpflötung am zylindrischen Zerreißstab mit Kerndurchmesser von 9 mm und zum anderen eine einfach herzustellende Zugscherprobe mit zugehörigen Spann- und Anwärmvorrichtungen beschrieben. An Hand dieser Verfahren wird es dem Betrieb leicht gemacht, mit verhältnismäßig einfachen Methoden die Zerreiß- und Scherwerte für seine Belange selbst zu ermitteln. Es folgen auch einige Versuchsreihen nach dieser Methode mit verhältnismäßig geringen Streubereichen.

B. Eigene Untersuchungen über Hartlöten mit Silberloten

1. Versuchsbedingungen

Bei den eigenen Untersuchungen wurde bei der Kontrolle der Zugfestigkeit von Spaltlötungen in ähnlicher Weise vorgegangen. Ein zylindrischer Stab von 12 mm Durchmesser wurde nach dem Löten in dem mittleren Bereich auf 10 mm Durchmesser abgedreht. Die Stumpflötung der Zerreißstäbe wurde induktiv vorgenommen.

Die Proben für die Benetzungsversuche wurden aus Blechen von 1 bis 2 mm Dicke in der Größe 20×20 mm oder aus Stangen mit 20 mm Durchmesser als Scheiben von 1 bis 2 mm Dicke entnommen. Die Probenoberfläche von Stangenabschnitten wurde vorgefeilt, auf Band geschliffen und mit Schleifpapier 1,0 geglättet. Alle Proben wurden mit Tri entfettet. Die Erwärmung der Probeplättchen auf die erforderliche Arbeitstemperatur erfolgte zum größten Teil in einem elektrisch beheizten Kammerofen mit Temperaturregelung (Abb. 4), in manchen Fällen auch induktiv.

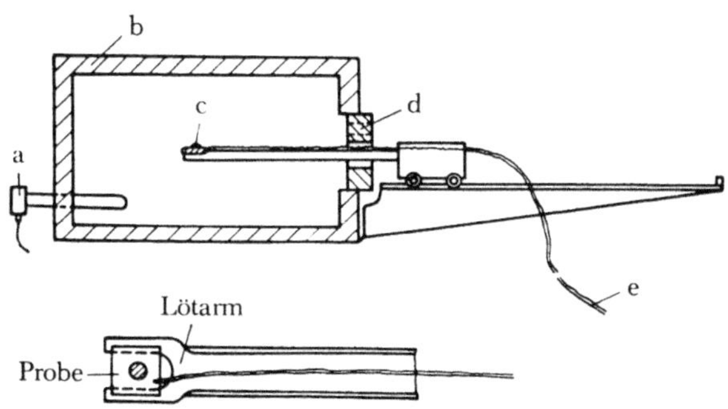

Abb. 4 Versuchseinrichtung für Ofenlötung (schematisch)
a Regel-Pyrometer, b Kammerofen mit Boden-Seiten-Beheizung, c Lötprobe, d Fenster, e Ausgleichleitung zum Millivoltmeter

In die angeschlitzte Probe wurde ein Ni—NiCr–Thermodraht eingesetzt und die Temperatur über eine Ausgleichsleitung am Millivoltmeter gemessen. Bei dickeren Proben und höherer Löttemperatur wurde die Probe unter Flußmittel 0,5–1 min lang vorgewärmt und dann erst das Lot mit weiterem Flußmittelzusatz aufgelegt, damit vor dem Fließen des Lotes die Arbeitstemperatur im Grundwerkstoff erreicht wurde. Für das Glattfließen wurde bis zu 0,5 min Lötzeit zugegeben, so daß die Gesamtlötzeit höchstens 2 min betrug.

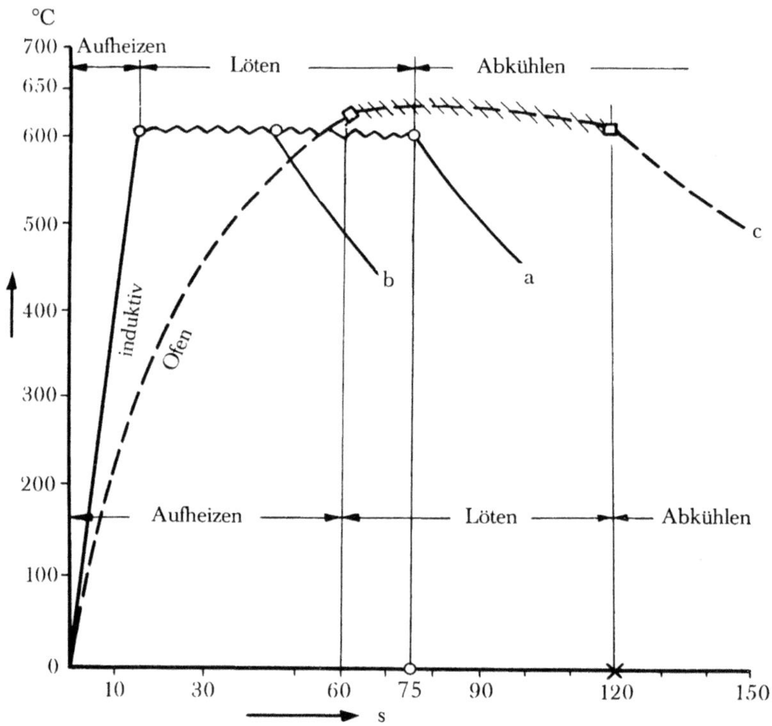

Abb. 5 Erwärmungscharakteristik der Probe bei
O——— induktive Erwärmung
O– – – Ofenerwärmung

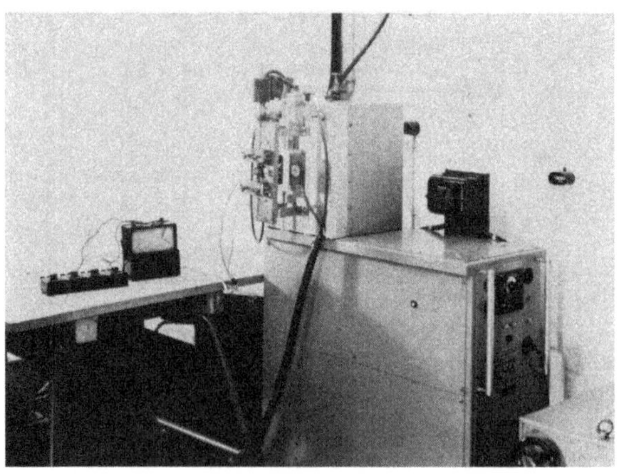

Abb. 6a Versuchseinrichtung für induktive Erwärmung

Die Erwärmungscharakteristik der Proben bei induktiver Erhitzung bzw. bei Ofenlötung zeigt Abb. 5.
Für die induktive Erwärmung wurde ein 4-kW-Hochfrequenz-Röhrengenerator mit einem Frequenzbereich von 2,6 bis 3,2 MHz und Zeitschaltung benutzt. Die Versuchseinrichtung ist in Abb. 6a dargestellt.
Das Schema der Lötvorrichtung für Zerreißstäbe mit induktiver Erwärmung zeigt Abb. 6b.
Die Induktionsspule zur Erwärmung der Zerreißstäbe hatte 4 Windungen mit 25 mm Innendurchmesser, die Spule zur Erwärmung der Plättchen hatte 1–2 Windungen (s. Abb. 7).

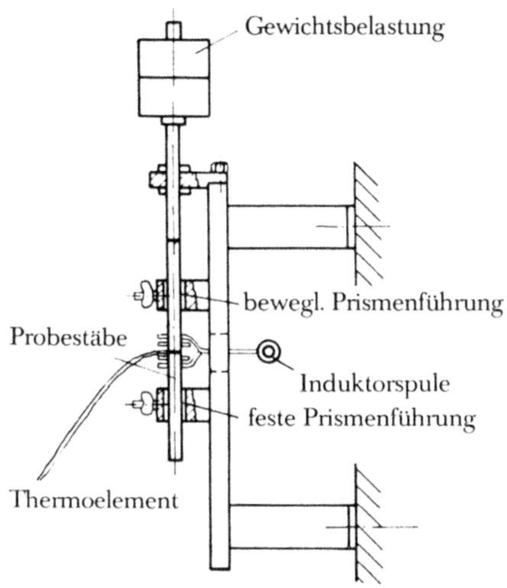

Abb. 6b Schema der Lötvorrichtung für induktive Lötungen

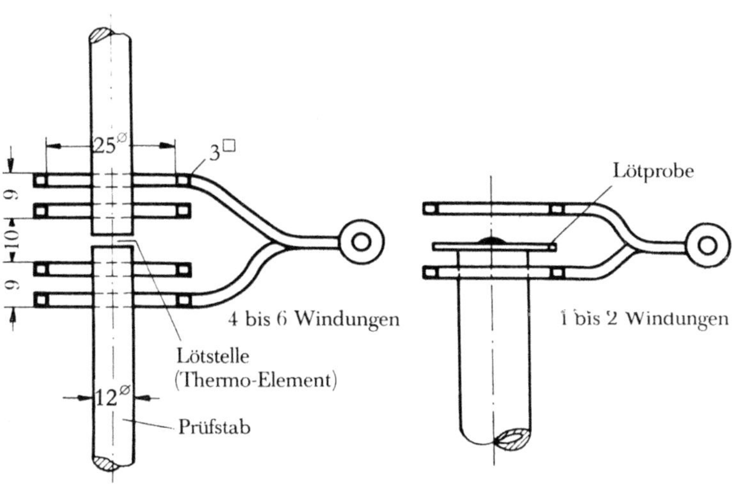

Abb. 7 Induktive Erwärmung

Als Abstandsmaß für die Spaltweite der Stäbe wurde der Meßelementdraht von 0,1 mm Durchmesser benutzt. Zur Erzielung einer gleichmäßigen Temperatur über den Stabquerschnitt muß der Skineffekt soweit wie möglich durch Ausnutzen der Wärmeleitfähigkeit des Werkstoffes überbrückt werden, was sich durch ein großes Verhältnis von Spulendurchmesser zu Stabdurchmesser, zum anderen durch ein rhythmisches Ein- und Ausschalten des Induktionsstromes erreichen läßt. Gleichzeitig ermöglichst diese Maßnahme, die Aufheizzeiten und die Lötzeiten beliebig zu verändern.

Alle Benetzungsproben wurden metallographisch bei Vergrößerungen von 80- bis 600fach ausgewertet und durch Mikrohärteprüfung über den Lötquerschnitt auf spröde Legierungsschichten oder Phasen abgetastet. Die bildliche Darstellung erfolgte bei 200–400facher Vergrößerung, je nach der erforderlichen Bildausschnittgröße.

2. Tabellarische Übersicht der verwendeten Werkstoffe und Hilfsmittel

2.1 Grundwerkstoffe

Die Lötuntersuchungen umfaßten drei Werkstoffgruppen (s. Taf. 1–3).

Gruppe I Niedriglegierte C-Stähle mit C-Gehalten von 0,15 bis 1,00%; Legierungsbestandteile sind Si, Mn und Cr.

Gruppe II Hochlegierte Cr- und CrNi-Stähle mit Zusatz von Mo und Stabilisierungselementen.

Gruppe III Aluminiumbronzen mit 8–10% Al und Zusätzen an Fe, Mn, Ni und Si.

2.2 Lotwerkstoffe

Als Lote wurden Silberlote mit einem Silbergehalt von 25 bis 85% und Zusätzen an Cu, Zn, Cd, Ni und Mn verwendet. Darüber hinaus wurden auch einige Proben mit Hochtemperaturloten auf der Basis Mn, Co, Pd in die Untersuchung einbezogen (s. Tab. 4).

2.3 Flußmittel

Als Lötmittel wurden ausschließlich Flußmittel in Pastenform benutzt (s. Tab. 5, Flußmittel).

Tab. 1 *Versuchswerkstoffe I*
(unlegierte und niedriglegierte C-Stähle)

Proben-Nr.	Werkst.-Nr. DIN 17007	Marken-Bez. DIN 17006	C	Si	Mn	P	S	Cr	Mo	Ni	Al	Cu	V
I_1	Lw 1.5074	15 Mn 8	0,15	0,36	1,96	0,013	0,010						
I_2	Lw 1.7214	25 CrMo 4	0,27	0,20	0,62	0,013	0,010	0,99	0,22				
I_3	1.7218	25 CrMo 4	0,27	0,32	0,67	0,017	0,014	1,06	0,26	0,15		0,12	
I_4	1.0402	C 22	0,25	0,29	0,57	0,024	0,028				0,005	0,12	
I_5	1.1720	C 35 W 3	0,37	0,33	0,57	0,015	0,024						
I_6	1.1740	C 60 W 3	0,64	0,25	0,73								
I_7	1.1750	C 75 W 3	0,73	0,38	0,72	0,013	0,021	0,14		0,06		0,15	
I_8	1.1830	C 85 W 5	0,84	0,34	0,67	0,012	0,007	0,12	0,002	0,06		0,14	
I_9	1.2235	80 Cr V 2	0,80	0,31	0,47	0,010	0,010	0,60	0,04	0,17		0,13	0,32
I_{10}	1.2067	100 Cr 6	1,00	0,25	0,30			1,5					

Tab. 2 *Versuchswerkstoffe II*
(Cr- und CrNi-Stähle)

Proben-Nr.	Werkst.-Nr.	Werkst.-Bez. DIN 17006	C	Si	Mn	Cr	Ni	Mo	N_b	Ti
II_1	4511	x 8 CrNb 17	< 0,10			17,5			N_b	
II_2	4301	x 5 CrNi 18 9	< 0,07			18,0	10,0		–	–
II_3	4550	x 10 CrNiNb 18 9	< 0,10			18,0	10,5		N_b	
II_4	4541	x 10 CrNiTi 18 9	0,04	0,42	1,54	17,4	12,36			0,29
II_5	4571	x 10 CrNiMoTi 18 10	< 0,10			17,5	11,5	2,2		Ti
II_6	4401	x 5 CrNiMo 18 10	< 0,07			17,5	11,0	2,2	–	–
II_7	4436	x 5 CrNiMo 18 12	< 0,07			17,5	12,0	2,8	–	–
II_8	4577	x 5 CrNiMoTi 25 25	< 0,06			25,0	25,0	2,2		Ti

Tab. 3 Versuchswerkstoffe III
(Al-Bronzen)

Proben-Nr.	Werkst.-Bez. DIN 1714, 1726, 17665	Al	Cu	Pb	Fe	Sn	Mn	Ni	Si	Zn
III_1	AlBz 8	8,1	91,5	0,01	0,1	0,01	0,1	0,1	0,1	0,1
III_2	AlBz 10	9,6	89,7	0,01	0,2	0,01	0,1	0,1	0,1	0,1
III_3	FeAlBz 10	9,7	82,4	0,1	3,7	0,20	2,9	0,5	0,2	0,3
III_4	SiAlBz 8	8,2	87,5	0,1	0,8	0,1	0,8	0,1	2,3	0,1
III_5	NiAlBz 10	9,8	81,2	0,1	3,5	0,1	0,1	4,8	0,1	0,3

Tab. 4 Lotwerkstoffe

Nr.	Kurz-Zeichen DIN 1734 oder Leg.-Bez.	Schmelz-bereich [°C]	Arbeits-temperatur [°C]	Zusammensetzung in Gew.-%								Richtwerte für Lot-Zerreiß-festigkeit σ_B [kp/mm²]
				Ag	Cu	Zn	Cd	Ni	Mn	Pd	Co	
L_1	LAg 30	690–600	680	30	28	21	21					35
L_2	LAg 40	630–595	610	40	19	21	20					30–35
L_3	LAg 44	735–675	730	44	30	26						35
L_4	LAg 49	810–675	690	49	16	23		4,5	7,5			38–41
L_5	LAg 25	800–700	780	25	41	34						35–38
L_6	LAg 27	830–680	840	27	38	21		5	9			30–40
L_7	AgCu	779	790	72	28							30–35
L_8	AgMn	940–930	960	85					15			30–35
L_9	CuMnCo	1030–980	1020		87				9		4	–
L_{10}	AgPdMn	1120–1000	1120	75					5	20		–

Tab. 5 Flußmittel

Nr.	Type (DIN 8511)	Verarbeitungstemperatur [°C]	Zusammensetzung	Verwendung (zum Löten von)
F_1	F-SH 1	600–800	Borverbindung + einfache Fluoride	unlegierte + niedriglegierte Stähle
F_2	F-SH 1	600–800	Borverbindung + komplexe Fluoride	höher legierte Stähle
F_3	F-SH 1	600–800	Borverbindung + komplexe Fluoride	höher legierte Stähle
F_4	F-SH 1	600–800	Borverbindung + komplexe Fluoride + Chloride	Alu-Bronzen
F_5	–	600–900	komplexe Fluoride + Chloride	Alu-Bronzen
F_6	–	600–900	Borax + Natronlauge	Alu-Bronzen
F_7	F-SH 2	> 800	Borsäure + Borax	höher legierte Stähle mit warmfestem Loten

3. Ergebnisse der Lötversuche

Das Ergebnis der gesamten Untersuchungen wurde nach Werkstoffgruppen in Tabellen zusammengefaßt, wobei zu den einzelnen Werkstoffen die Lote und Flußmittel als brauchbare Lötkombinationen zugeordnet sind (s. Tab. 6–8). Es sind nur die Lötkombinationen angegeben, die ohne Einschränkung lötbar sind. Sie sind im Anhang durch Mikrobilder belegt. Bedingt lötbare oder ungünstige Lötkombinationen sind in der tabellarischen Übersicht nicht mehr aufgeführt. Aus dieser Zusammenstellung wird ersichtlich, daß sich bei den Werkstoffgruppen I und II sehr viele brauchbare Lötkombinationen ergeben. Besonders das Lot L_1 hat sich bei sämtlichen Werkstoffen als gut benetzend gezeigt.
Bei den Aluminiumbronzen gibt es bedeutend weniger Möglichkeiten, gute Lötverbindungen herzustellen, obwohl die Reaktionsfähigkeit der Lote auf den Grundwerkstoff und umgekehrt sehr groß ist. So sind die Werkstoffe III_3 und III_4 am günstigsten mit Lot L_1 bzw. L_2 zu löten, während sich die Bronze III_5 infolge ihres hohen Nickelgehaltes gegenüber den anderen Bronzen dieser Werkstoffgruppe am besten löten läßt. Jedoch ist es, wie bereits früher erwähnt, ratsam, gerade bei der Lötung von Al-Bronzen soviel Wärme zuzuführen, daß die Lötzeit so kurz wie möglich gehalten wird. Es ist unbedingt erforderlich, hier das Löten nach dem Fließen des Lotes zu beenden, da sonst das Lot durch den Grund-

werkstoff infolge Diffusion zu sehr beeinflußt und durch Seigerungen verändert werden kann, wie es gleich noch an einem Beispiel mit einem eutektischen Lot gezeigt wird.

4. Tabellarische Übersicht brauchbarer Lötkombinationen

Tab. 6 Lötkombinationen der Werkstoffgruppe I
(unlegierte und niedriglegierte C-Stähle)

Proben-Nr.	Werkst.-Nr. DIN 17007	Marken-Bez. DIN 17006	Lote				
			L_1	L_2	L_3	L_4	L_5
I_1	Lw 1.5074	15 Mn 8	F_1	F_1	F_1	F_2	
I_2/I_3	Lw 1.7214/18	25 CrMo 4	F_1	F_1	F_1	F_1; F_2	
I_4	1.0402	C 22		F_1	F_1		
I_5	1.1720	C 35 W 3	F_1	F_2	F_2	F_2	F_1
I_6	1.1740	C 60 W 3	–	entfällt		–	–
I_7	1.1750	C 75 W 3	F_1	F_1; F_2	F_2	F_2	(–)
I_8	1.1830	C 85 W 5	F_1	F_1	F_1	(–)	F_1
I_9	1.2235	80 Cr V 2	F_1	F_1	F_1	F_2	F_1
I_{10}	1.2067	100 Cr 6	F_1	F_1	F_2	F_2	F_1

Tab. 7 Lötkombinationen der Werkstoffgruppe II
(höher legierte Stähle)

Proben-Nr.	Werkstoff-Bez. DIN 17006	Lote					
		L_1	L_2	L_3	L_4	L_5	L_8
II_1	x 8 CrN$_b$ 17	F_2	F_2	F_2	F_2	F_2	
II_2	x 5 CrNi 18 9	F_2	F_2	F_2	F_2	F_2	
II_3	x 10 CrNiN$_b$ 18 9	F_2	F_2	F_2	F_2; F_3	F_2	F_7
II_4	x 10 CrNiTi 18 9	F_2	F_2; F_3	F_2	F_2	F_2	
II_5	x 10 CrNiMoTi 18 10	F_2	F_2	F_3	F_2	F_2	(–)
II_6	x 5 CrNiMo 18 10	F_2	F_2	F_2	F_2	F_2	
II_7	x 5 CrNiMo 18 12	F_2	F_1; F_2		F_2	F_2	
II_8	x 5 CrNiMoTi 25 25	F_2	F_2	F_1	F_2	(–)	(–)

Tab. 8 Lötkombinationen der Werkstoffgruppe III
(Al-Bronzen)

Proben-Nr.	Marken-Bez. DIN 1714, 1726, 17665	Lote					
		L_1	L_2	L_3	L_4	L_5	L_7
III_1	AlBz 8	F_4	$F_5; F_6$		F_6		F_5
III_2	AlBz 10	$F_4(F_3 + F_6)$	$F_4; F_6$	$F_4; F_6$	(–)	F_4	F_4
III_3	FeAlBz 10	F_4	(–)	(–)	(–)	(–)	F_6
III_4	SiAlBz 8	$(F_3 + F_6)$	$F_3; F_4$	(–)	(–)	F_4	F_6
III_5	NiAlBz 10	F_4	$F_5; F_6$	$F_4; F_5; F_6$	$F_5; F_6$	F_4	$F_4; F_5; F_6$

5. Beurteilung der Prüfergebnisse

Von den vielen metallographischen Aufnahmen, die aus den Lötproben der verschiedenen Lötkombinationen gemacht und ausgewertet wurden, seien hier nur einige wenige charakteristische Darstellungen gezeigt und näher beschrieben.
Gute Benetzung und Bindung mit sehr spitzen Benetzungswinkeln zeigen die Mikroaufnahmen bei einem C-Stahl der Werkstoffgruppe I_7 (Abb. 8), bei einem CrNi-Stahl der Werkstoffgruppe II_8 (Abb. 9), und bei einer Al-Bronze der Werkstoffgruppe III_2 (Abb. 10). Auf Abb. 10 ist auch die Diffusionszone an der Grenzschicht Lot-Grundwerkstoff sichtbar.
Ein gutes Beispiel für eine nachträgliche Oxydation an der Grenzfläche mit Gasblasen im Lot nach anfänglich gutem Verlauf des Löttropfens mit sehr spitzem Randwinkel und deutlicher Diffusionszone gibt Abb. 11. Hier handelt es sich um eine Al-Bronze Werkstoffgruppe III_1 mit Lot L_1 und Flußmittel F_4. Die anfänglich gute Lötung hat durch verlängerte Lötzeit und ungenügende Fluß-

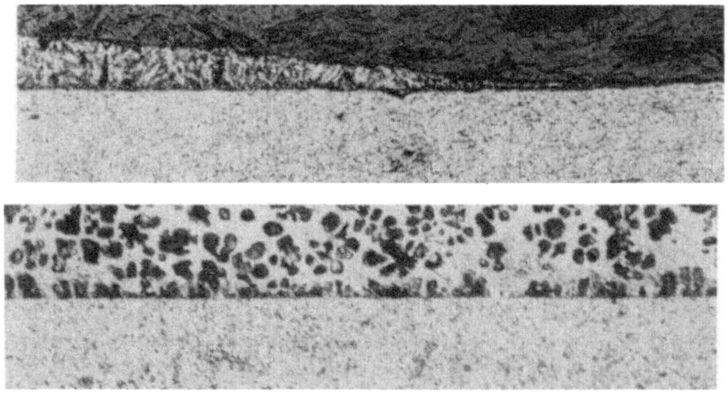

Abb. 8 Sehr kleiner Benetzungswinkel
Werkstoff C 75 W 3
Lot L_1
Flußmittel F_1

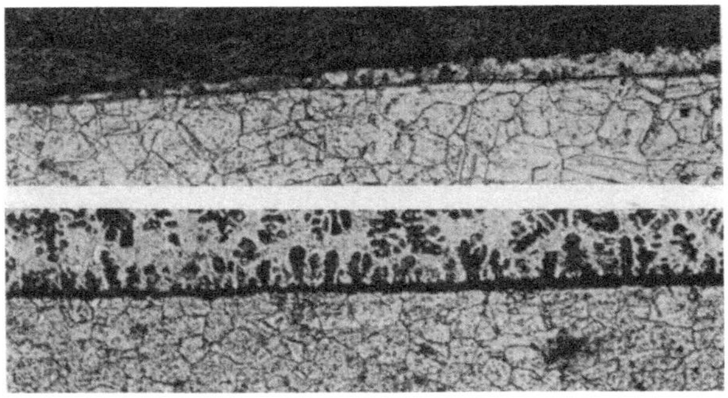

Abb. 9 Sehr kleiner Benetzungswinkel
Werkstoff x 5 CrNiMoTi 25 25
Lot L_1
Flußmittel F_2

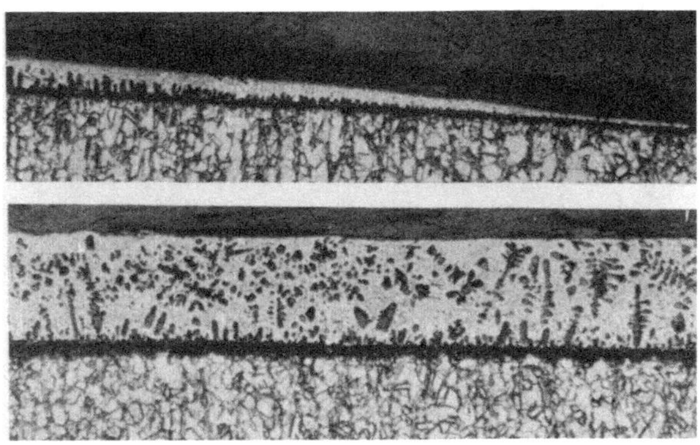

Abb. 10 Sehr kleiner Benetzungswinkel
Werkstoff AlBz 10
Lot L_2
Flußmittel F_4

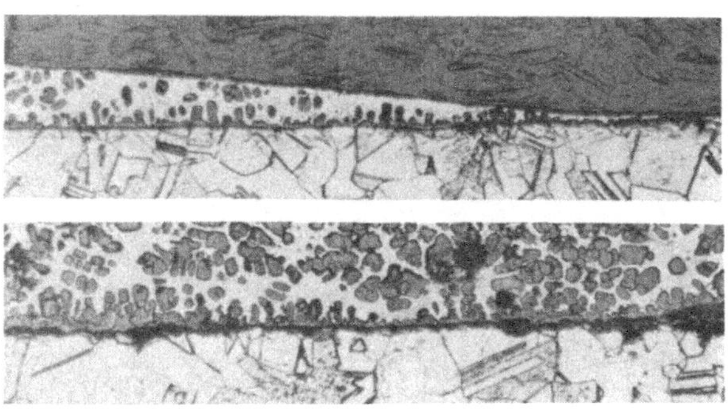

Abb. 11 Kleiner Benetzungswinkel
Werkstoff AlBz 8
Lot L_1
Flußmittel F_4

mittelmenge bzw. Erschöpfung des Flußmittels zu dieser Wirkung in der Mitte des Löttropfens geführt.

Einen steilen Benetzungswinkel mit sehr schlechter Benetzung stellt Abb. 12 mit einem niedrig legierten C-Stahl der Werkstoffgruppe I_2 mit Lot L_7 und Flußmittel F_1 dar. Das eutektische Lot Silber-Kupfer ist hierfür nicht geeignet, man benutzt es sonst vornehmlich für Vakuum-Lötungen.

Unter Umständen kann beim Löten von rost- und säurebeständigen Edelstählen mit Silberloten Korngrenzendiffusion auftreten, wie dies in Abb. 13 mit der Lötkombination Werkstoff II_5 Lot L_3 Flußmittel F_2 nachgewiesen wird.

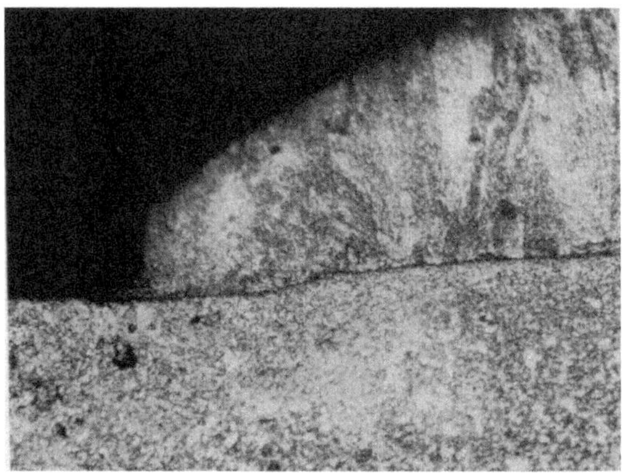

Abb. 12 Steiler Benetzungswinkel
Werkstoff 25 CrMo 4
Lot L_7
Flußmittel F_1

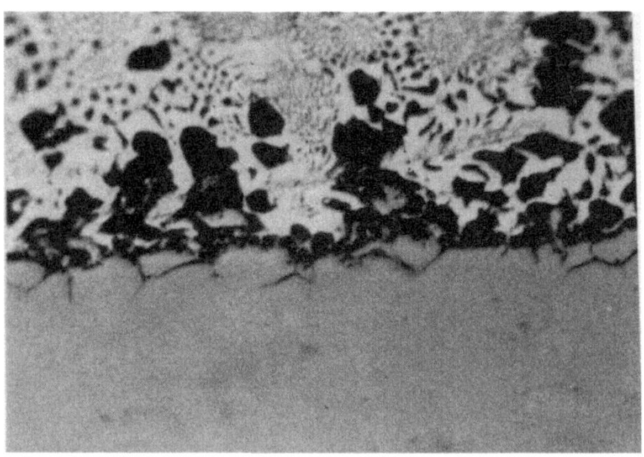

Abb. 13 Korngrenzendiffusion
Werkstoff x 10 CrNiMoTi 18 10
Lot L_3
Flußmittel F_2

Sind außerdem Zugspannungen im Grundwerkstoff vorhanden, so ist Lötrissigkeit zu befürchten.
Die Lötkombination Werkstoff I_3 mit Lot L_4 und Flußmittel F_1 erbrachte eine gute Verbindung bei kräftiger Verzahnung und deutlich sichtbarer Diffusionszone (Abb. 14 Tropfenmitte).
Eine neue breite Phase lotseitig an der Grenzschicht und eine schmale Diffusionszone grundwerkstoffseitig hat die Lötkombination Werkstoff III_2, Lot L_1, Flußmittel F_4 in der Tropfenmitte aufzuweisen (Abb. 15).
Eine deutlich sichtbare Diffusionszone mit neuer Phase besonders im Grundwerkstoff und Seigerungszone im Lotquerschnitt, die durch zu lange Erwärmungszeit des eutektischen Lotes und Diffusion des Kupfers aus dem Grundwerk-

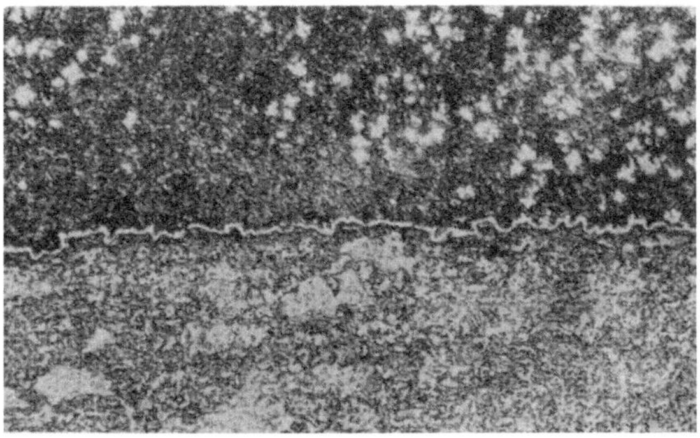

Abb. 14 Diffusionszone mit guter Verzahnung
Werkstoff 25 CrMo 4
Lot L_4
Flußmittel F_1

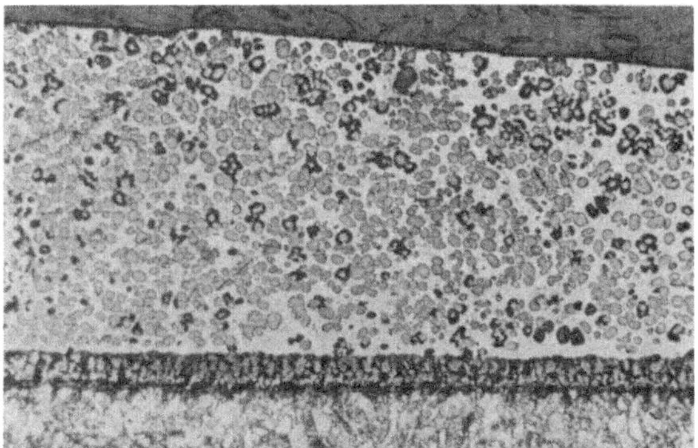

Abb. 15 Breite Übergangsschicht mit Diffusionszone
Werkstoff AlBz 10
Lot L_1
Flußmittel F_4

stoff in das Lot hervorgerufen wurde, ist in Abb. 16 wiedergegeben. Das eutektische Lot bleibt beim Löten von Al-Bronzen in seiner Struktur nur erhalten, wenn die Lötung sofort nach dem Glattfließen des Lotes beendet wird.
Bei Loten mit Schmelzintervall sollte die Wärmezufuhr so groß sein, daß das Lot möglichst gleichmäßig und schnell schmelzen und sich ausbreiten kann. Andernfalls verschießt zuerst das Eutektikum der Grundmasse, während die schwerer

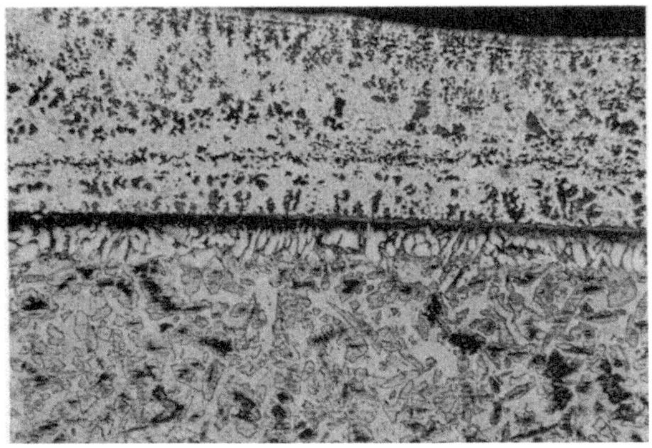

Abb. 16 Seigerungen im Lot und deutlich sichtbare Diffusionszone
Werkstoff SiAlBz 8
Lot L_7
Flußmittel F_4

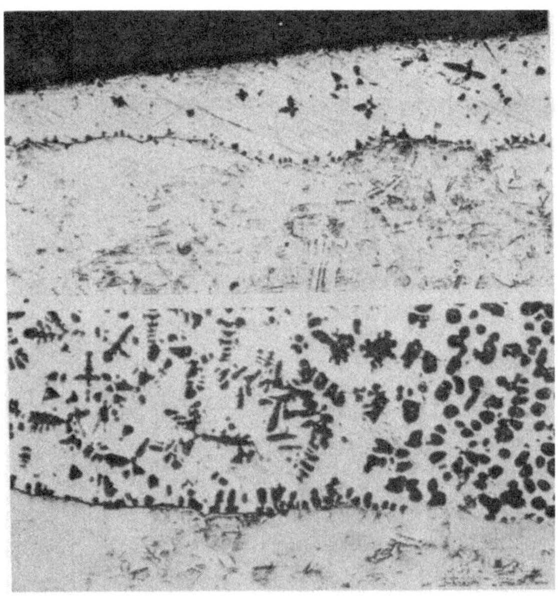

Abb. 17 Seigerung des Lotes zum Tropfenrand

schmelzenden Bestandteile später aufgeschmolzen werden und liegen bleiben, so daß dadurch von der Lötzugabe in Fließrichtung Entmischungen (Seigerungen) in der Lötung entstehen können, die zu unterschiedlicher Festigkeit der Lötverbindung führen können. In Abb. 17 besteht die Tropfenmitte noch aus globularen Primärkristallen in eutektischer Grundmasse, während weiter zum Rande die globularen Bestandteile in Dendritenform übergegangen sind. Der Tropfenrand besteht in der Hauptsache aus dem zuerst geschmolzenen Eutektikum mit nur wenig eingestreuten Primärkristallen.

In Abb. 18 wird ein Cr—Ni-Stahl der Werkstoffgruppe II_8 mit einem Hochtemperaturlot Silber-Palladium-Mangan - Arbeitstemperatur 1120° C - unter Verwendung von Flußmittel F_7 dargestellt. Die Grenzfläche zeigt eine breite Diffusionszone mit guter Verzahnung. Allerdings sind im Lot selbst zahlreiche

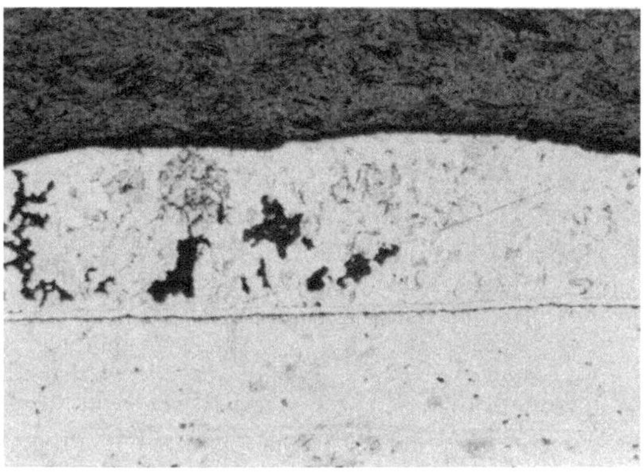

Abb. 18 Oxidische Einschlüsse im Lot
Werkstoff x 5 CrNiMoTi 25 25
Lot L_{10}
Flußmittel F_7

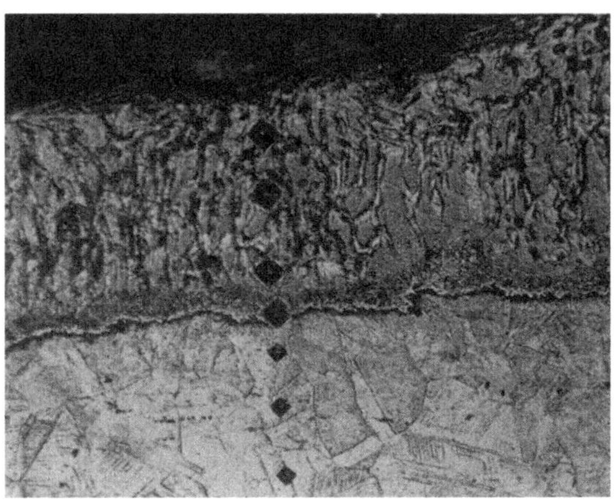

Abb. 19 Mikrohärteprüfung über den Lötquerschnitt

Lunker mit Flußmittelresten und Oxideinschlüssen vorhanden, die auf nicht ausreichende Temperaturbeständigkeit des Flußmittels zurückzuführen sind. Hier wäre ein zusätzliches Schutzgas oder reine Schutzgasatmosphäre bei reichlicher Wärmezufuhr und sehr kurzer Lötzeit zweckmäßiger gewesen.
Zur Kontrolle der Güte der Lötnahtverbindungen wurde außer mikroskopischer Betrachtung und Auswertung und neben gelegentlicher Festigkeitskontrolle an stumpfgelöteten Zerreißstäben die Mikrohärteprüfung über den Querschnitt Lot-Grundwerkstoff bei sämtlichen Lötproben angewendet, um etwaige harte Phasen oder spröde Grenzschichten zu ermitteln. Aus Abb. 19 ist eine derartige Mikrohärteprüfung zu ersehen. Man kann aus der Größe der Eindrücke und ihrer Lage erkennen, wie der Härteverlauf ist und ob die Gefahr einer spröden Lötverbindung gegeben ist.
Grundsätzlich beweist das Ergebnis dieser Lötversuche, daß sich bei der verhältnismäßig großen Gruppe verschiedenartiger Werkstoffe, die wegen ihrer chemischen Zusammensetzung zum Teil Schwierigkeiten beim Löten mit Silberloten ergeben können, doch noch für jeden einzelnen Werkstoff mehrere Lötkombinationen zu finden waren.
Dies kann man als Bestätigung dafür betrachten, daß der Fügetechnik durch Löten mit Silberloten ein großer Anwendungsbereich vorbehalten bleibt.

6. Zusammenfassung

Unter den Fügeverfahren nimmt heute das Hartlöten mit Silberloten ein weites Anwendungsgebiet ein. Deshalb lag es nahe, die Anwendungsmöglichkeiten der Silberlote und ihrer Flußmittel für einen großen Bereich verschiedener Stahlsorten, auch höher legierter, die das Löten erschweren können, zu untersuchen. Hierzu gehören auch die rost- und hitzebeständigen Stähle. Von den Nichteisenmetallen wurden die Aluminium-Bronzen einbezogen.
Zunächst wurde auf die Benetzungseigenschaften zwischen Lot und Grundwerkstoff, auf die Bindungstheorien, auf die Bildung von Phasen und Diffusionsschichten eingegangen.
Die Grundbedingungen des Lötens, die Spaltweite, Kapillarwirkung, Löttemperaturen, Festigkeitsverhalten, Prüfmethoden und Versuchseinrichtungen wurden behandelt.
In tabellarischen Zusammenstellungen wurden die verwendeten Werkstoffe und Lote mit ihren Analysenwerten und die Flußmittel mit ihrer Zusammensetzung genannt, und als Ergebnis für die Praxis aus einer Vielzahl von Versuchen eine Übersicht über die brauchbarsten Lötkombinationen der untersuchten Werkstoffe, Lote und Flußmittel gegeben.
An einer Auswahl von mikroskopischen Schliffbildern wurden Benetzungseigenschaften, Benetzungswinkel, Fehler im Lot und an der Grenzschicht gezeigt und in Verbindung mit der Mikrohärteprüfung über den Probenquerschnitt Schlüsse auf die Güte der Lötverbindung gezogen.
Im Anhang sind sämtliche als brauchbar bezeichnete Lötkombinationen im Bereich der Grenzzone durch Mikroschliffbilder belegt.

7. Literaturverzeichnis

[1] Bailey, G. L. J., und H. C. Watkins, J. Institute of Metals 80 (1951/52), S. 57.

[2] Bredzs, N., Investigation of factors determining the tensile Strength of brazed joints. Welding Journal (1954), Nov., S. 545–563.

[3] Bühler, H., und J. Colbus, Die Festigkeitssteigerung von Spaltlötverbindungen bei abnehmender Spaltbreite als Erscheinung der Festigkeit bei behinderter Verformung. Zeitschrift für Metallkunde 48 (1957), Nr. 2, S. 66–71.

[4] Case, S. L., Steel Processing 36 (1956), S. 238.

[5] Colbus, J., Probleme der Löttechnik I. Schweißen und Schneiden 6 (1954), Heft 7, S. 287–296.

[6] Colbus, J., Probleme der Löttechnik II. Schweißen und Schneiden (1954), Sonderheft, S. 141–147.

[7] Colbus, J., Grundsätzliche Fragen zum Löten und zu den Lötverbindungen. Konstruktion 7 (1955), Nr. 11, S. 419–430.

[8] Colbus, J., Versuche zur Deutung der Bindevorgänge beim Löten. Schweißen und Schneiden 10 (1958), Heft 2, S. 50–54.

[9] Colbus, J., Die Scherfestigkeit von Silber-, Messing- und Neusilberloten auf St 37.11 in Abhängigkeit von Spaltbreite und Lötfläche. Mitt. der Forschungsgesellschaft Blechverarbeitung (1957), Nr. 13, S. 141–148.

[10] Fischer, O., Versuch der Aufstellung einer grundsätzlichen Festigkeitsbasis der Lötverbindungen. Diss., TH Berlin 1938.

[11] Granjon, Observation sur le mécanisme de la liaison en soudobrassage. IIW-Jahresversammlung, Essen 1957.

[12] Koch, H., und Pömitz, Beitrag zum Problem der Scherfestigkeit von Lötverbindungen. Schweißen und Schneiden 8 (1956), Nr. 6, S. 288–292.

[13] Koch, H., und K. F. Zimmermann, Belastungsversuche an Hartlötverbindungen von Stahlrohren und Blechen. Schweißen und Schneiden 13 (1961), Heft 7, S. 263–270.

[14] Lange, H., H. Parthey und J. N. Stranski, Grenzschichtprobleme beim Löten. Mitt. der Forschungsgesellschaft Blechverarbeitung (1958), Nr. 19, S. 209–216.

[15] Milner, D. R., A survey of the scientific principles related to wetting and spreading. British Welding Journal 5 (1958), Nr. 3, S. 90–105.

[16] Umstätter, H., Schlüpfrigkeit und Grenzphasenreibung. Technik 2 (1942), Nr. 4, S. 171–176.

[17] Salem, A. A., Untersuchungen über die Warmfestigkeit von Hartlötverbindungen. Diss., TH Aachen 1961, S. 13–19.

[18] Schatz, J., und K. F. Zimmermann, Untersuchungen an Hartlötverbindungen als Beitrag zur Entwicklung eines Prüfverfahrens für die statische Zerreiß- und Scherfestigkeit von Spaltlötungen. Schweißen und Schneiden 15 (1963), Heft 9, S. 413–419.

[19] Schatz, J., Die metallurgischen Vorgänge zwischen Hartlot und Grundwerkstoffen und Folgerungen für die lötgerechte Konstruktion. Schweißen und Schneiden 9 (1957), Nr. 12, S. 522–530.

[20] Wenzel, H. N., Ind. Eng. Chem. 28 (1958), S. 988.

C. Anhang mit Bildtafeln zu den Lötversuchen

Mikroskopische Aufnahmen brauchbarer Lötkombinationen
der drei Werkstoffgruppen

Lötkombinationen der Werkstoffgruppe I

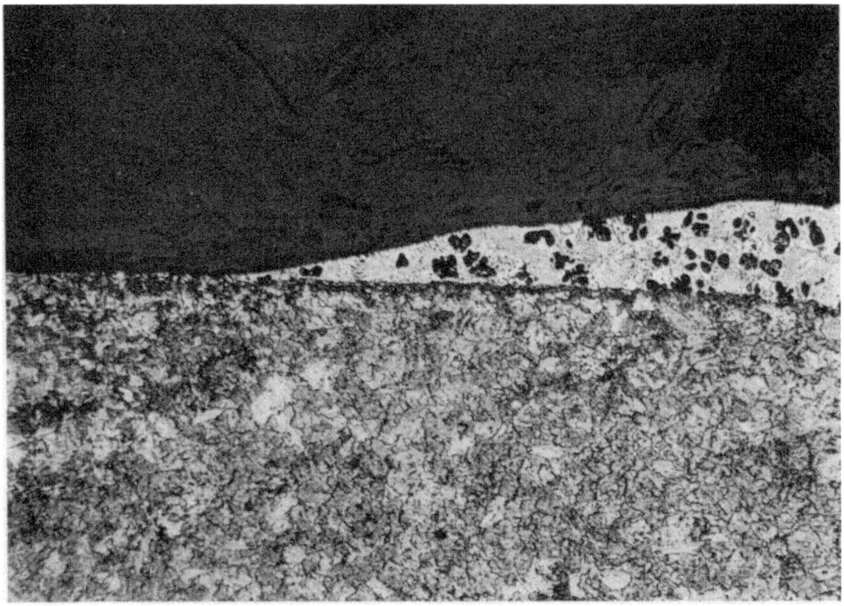

I_1 L_1 F_1 Tropfenrand × 200

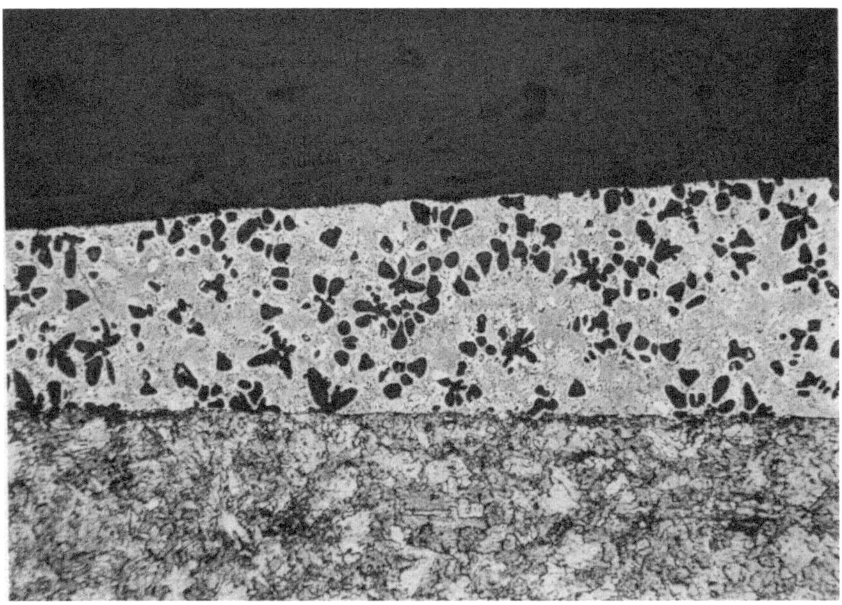

I_1 L_1 F_1 Tropfenmitte × 200

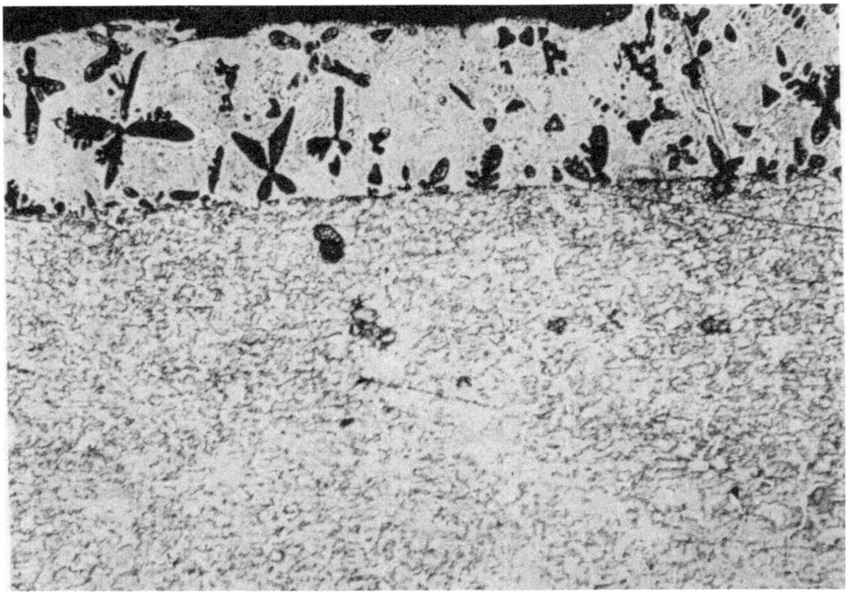

I_1 L_2 F_1 × 200

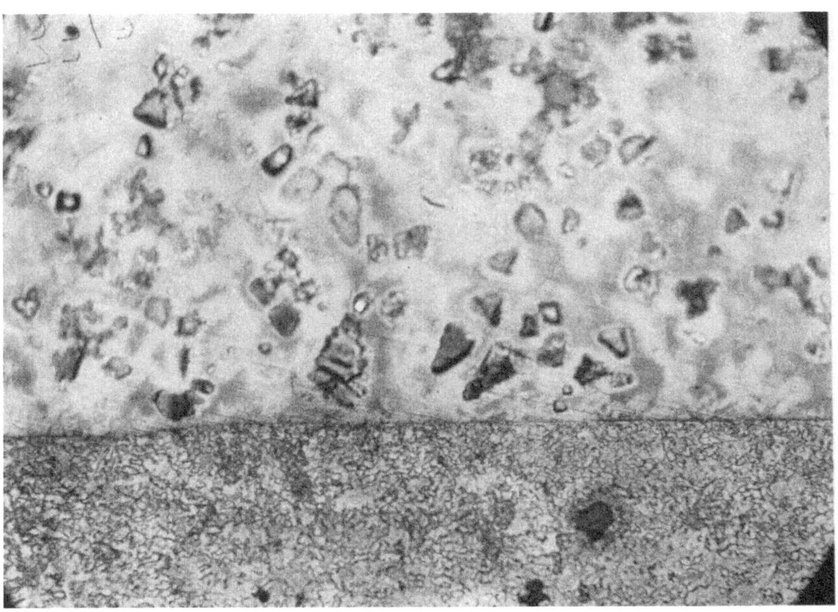

I_1 L_3 F_1 × 200

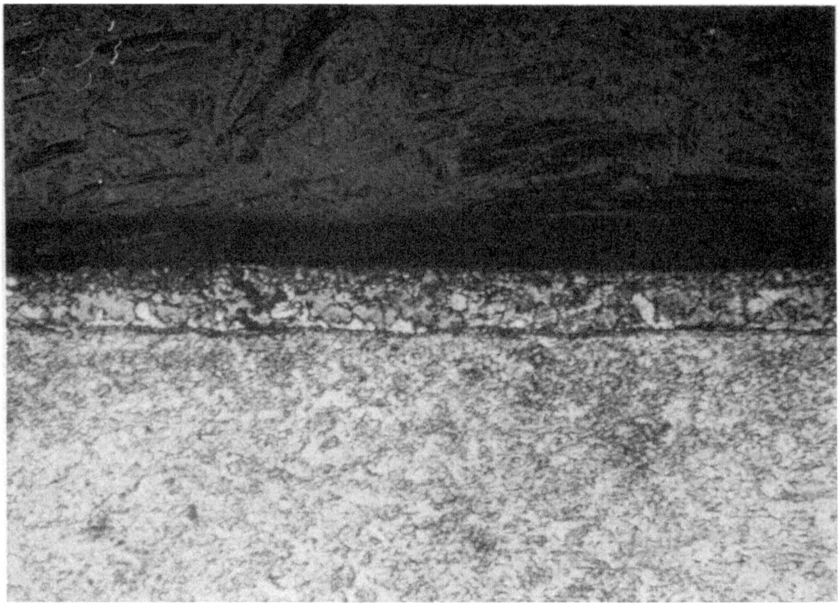

I_1 L_4 F_2 × 200

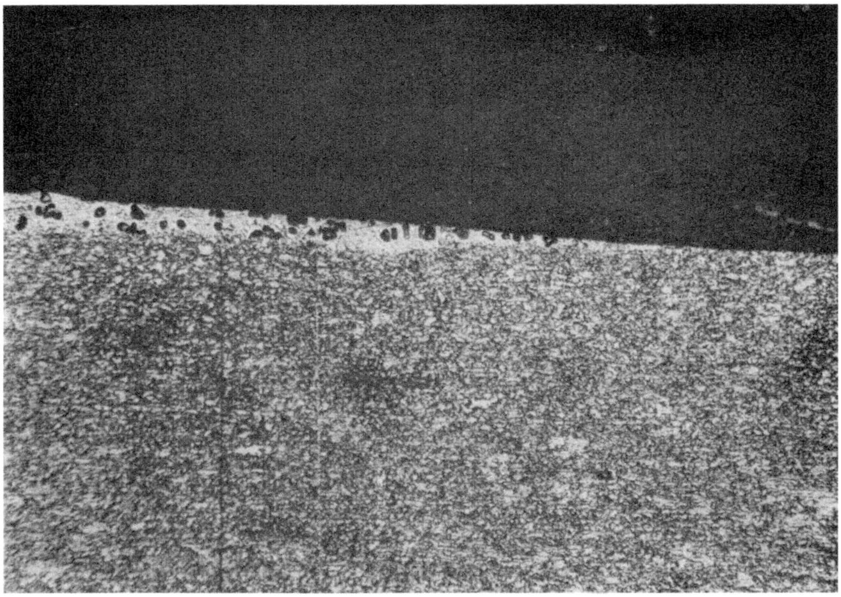

$I_{2/3}$ L_1 F_1 Tropfenrand $\times$ 200

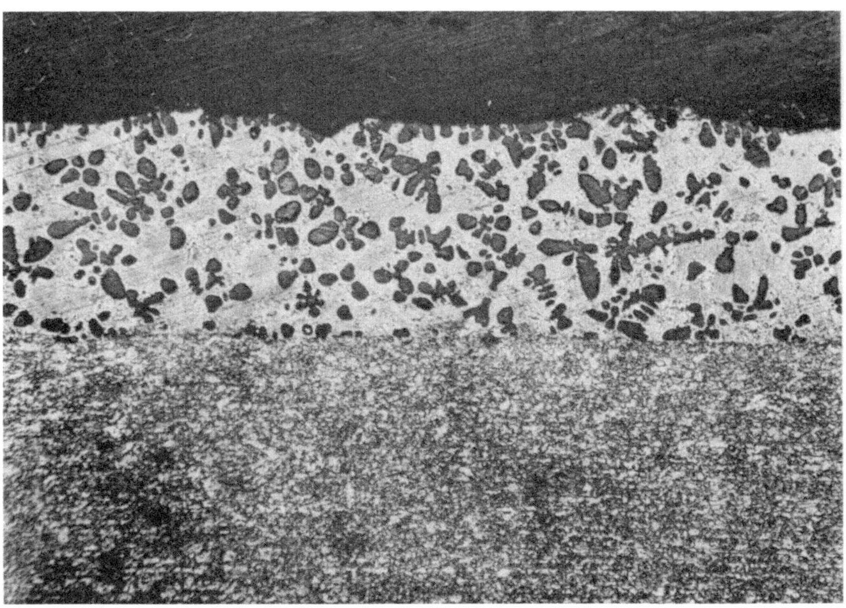

$I_{2/3}$ L_1 F_1 Tropfenmitte $\times$ 200

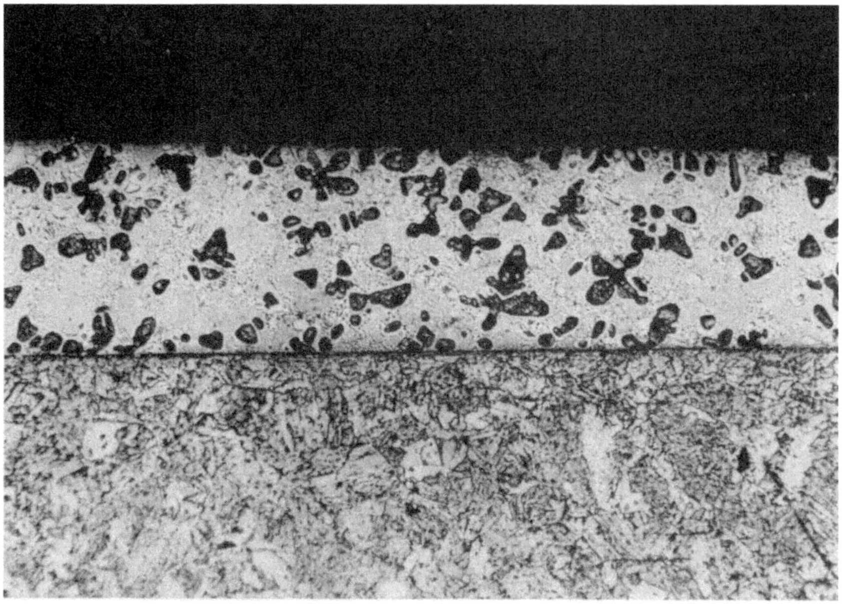

$I_{2/3}$ L_2 F_1 × 200

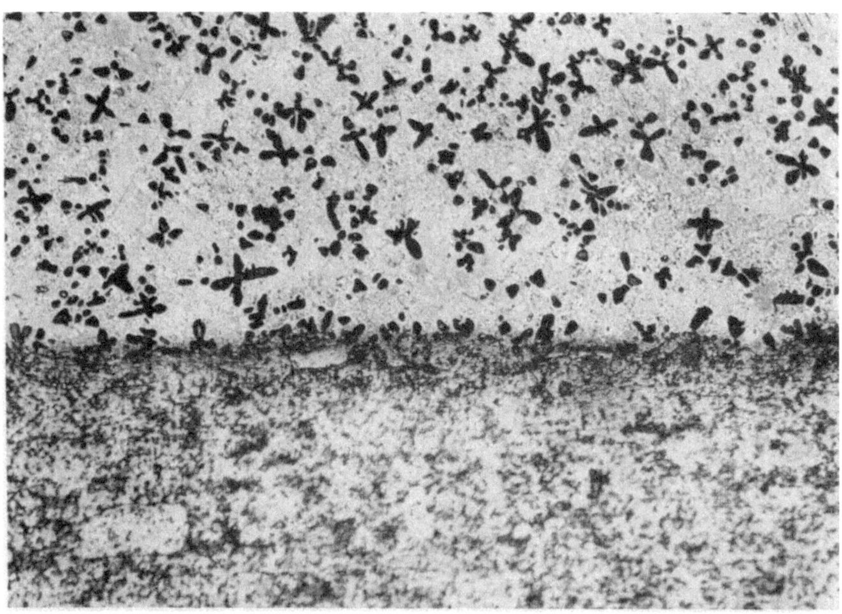

$I_{2/3}$ L_2 F_1 × 200

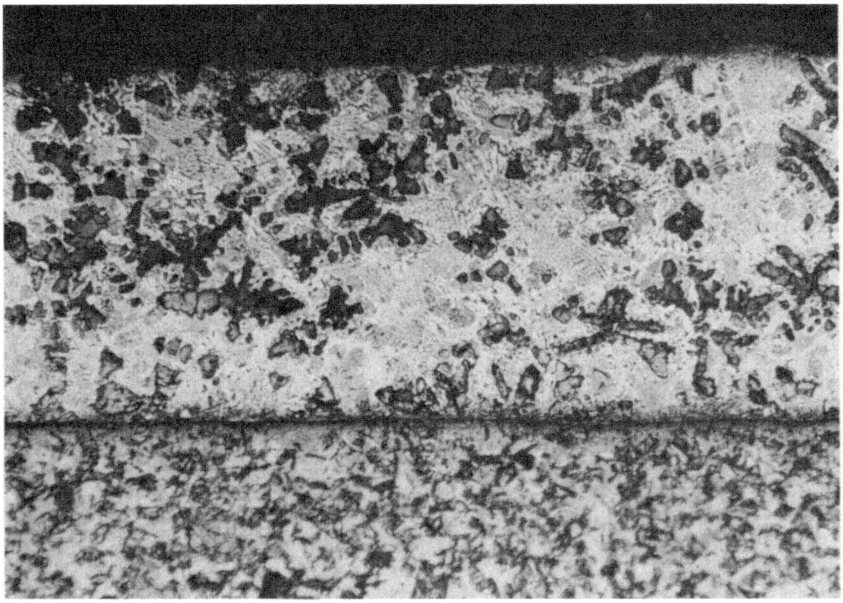

$I_{2/3}$ L_3 F_1 $\times$ 200

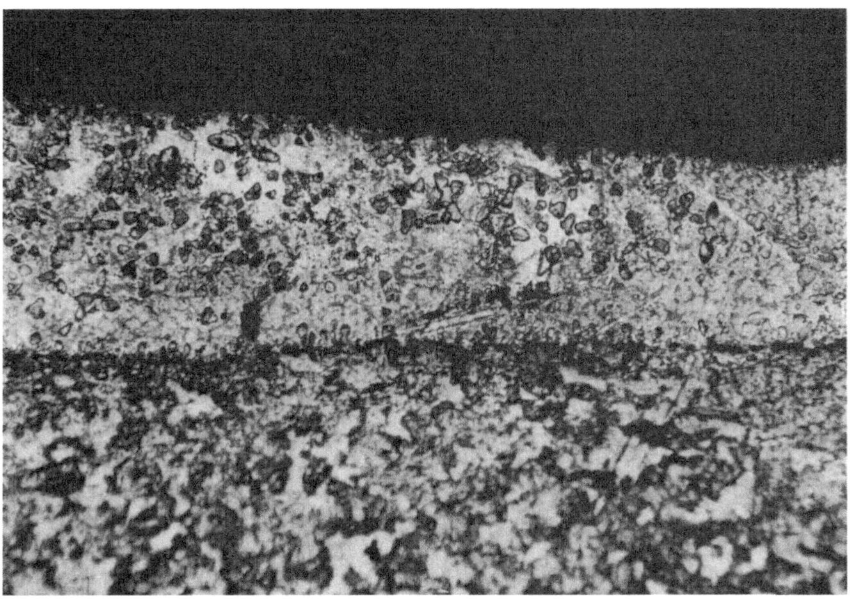

$I_{2/3}$ L_3 F_1 $\times$ 200

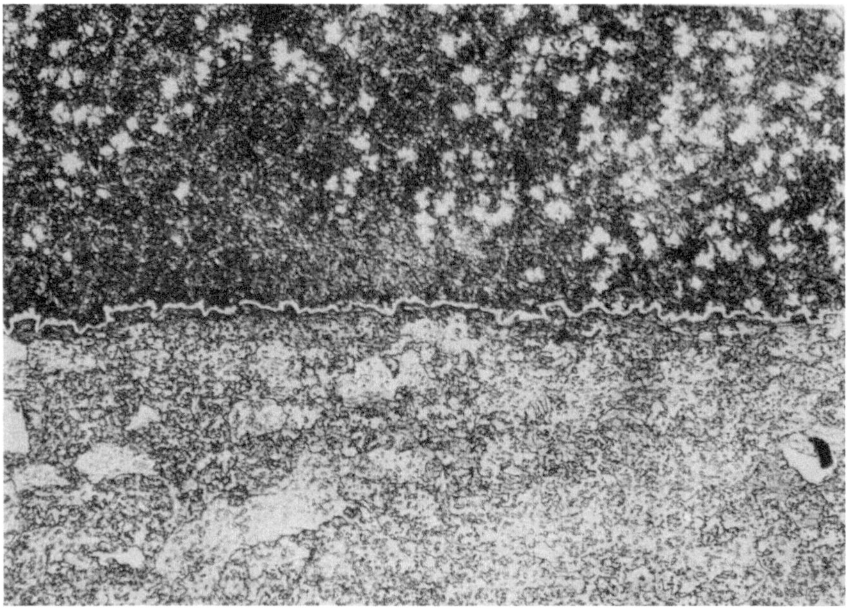

$I_{2/3}$ L_4 F_1 × 200

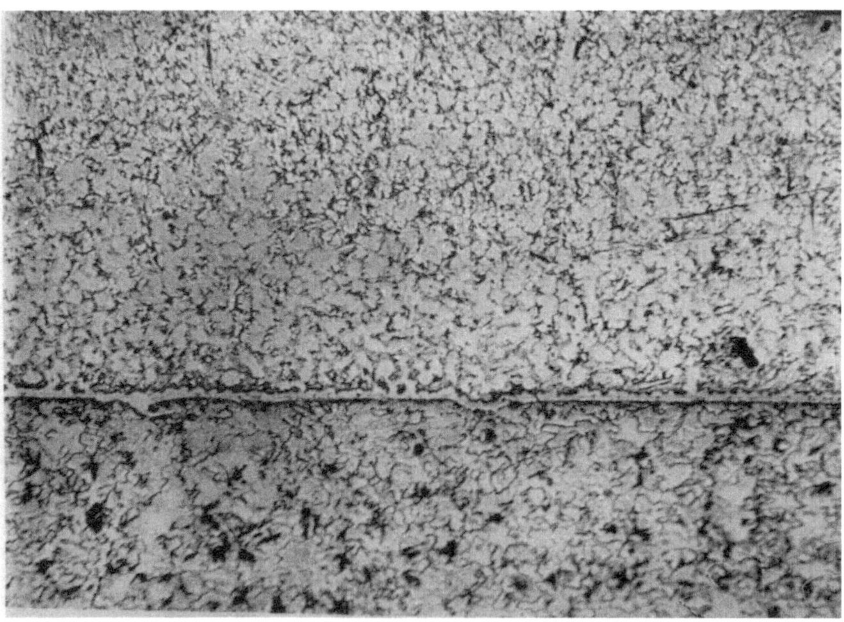

$I_{2/3}$ L_4 F_2 × 200

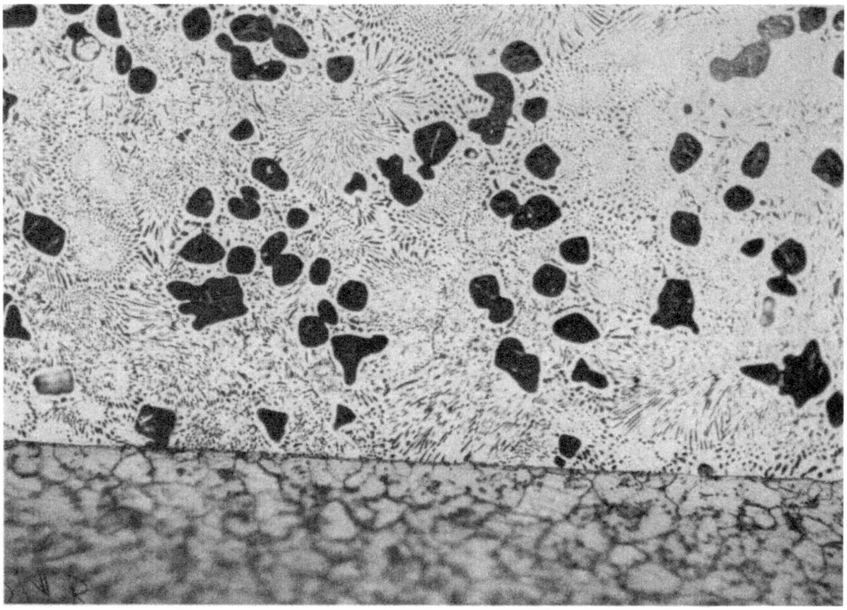

I_4 L_2 F_2 × 200

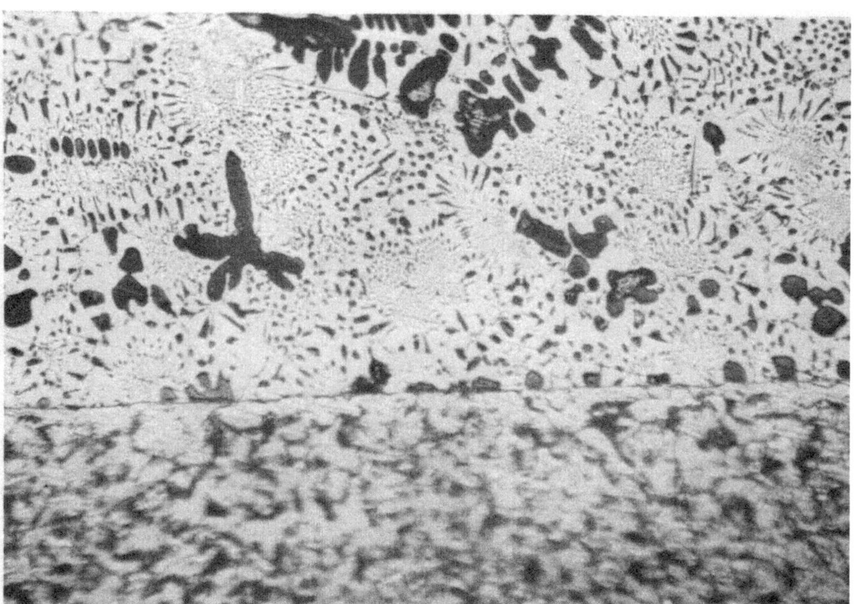

I_4 L_3 F_1 × 200

I_5 L_1 F_1 Tropfenrand × 200

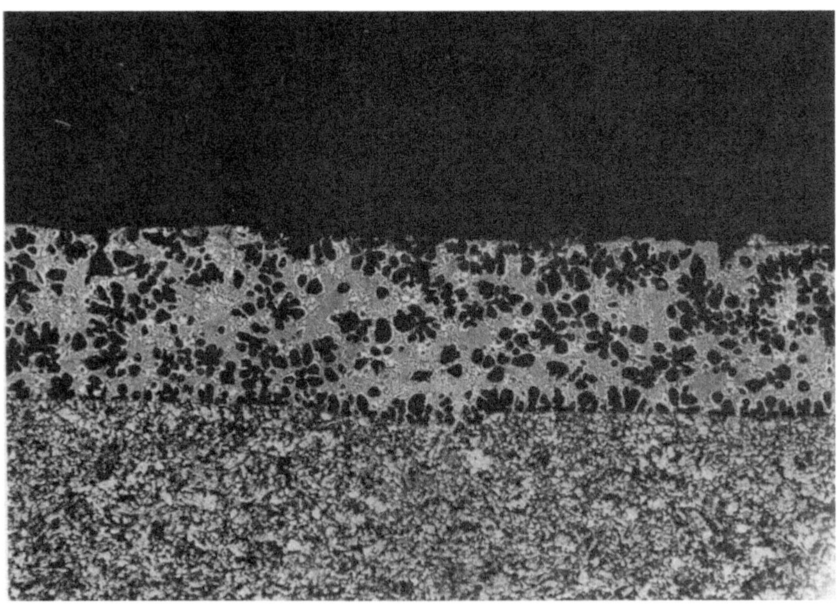

I_5 L_1 F_1 Tropfenmitte × 200

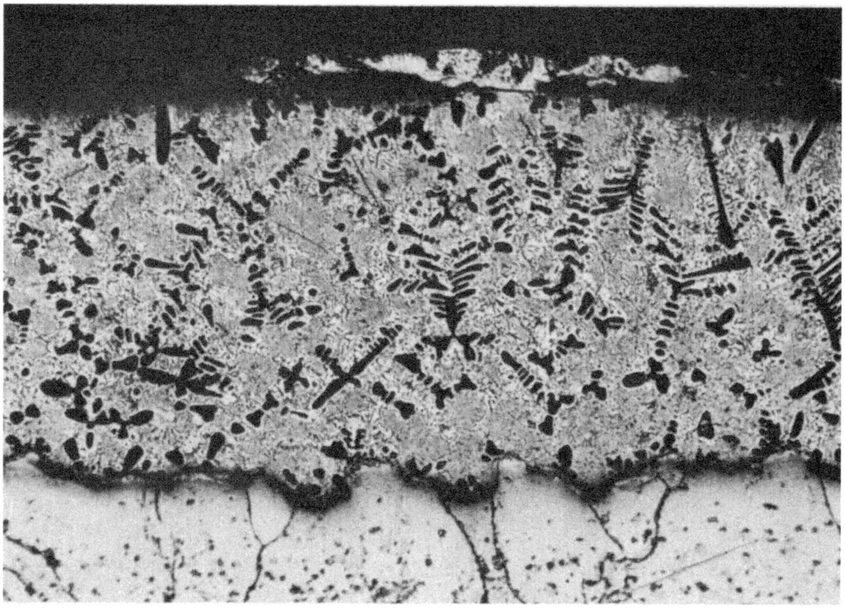

I_5 L_2 F_2 × 200

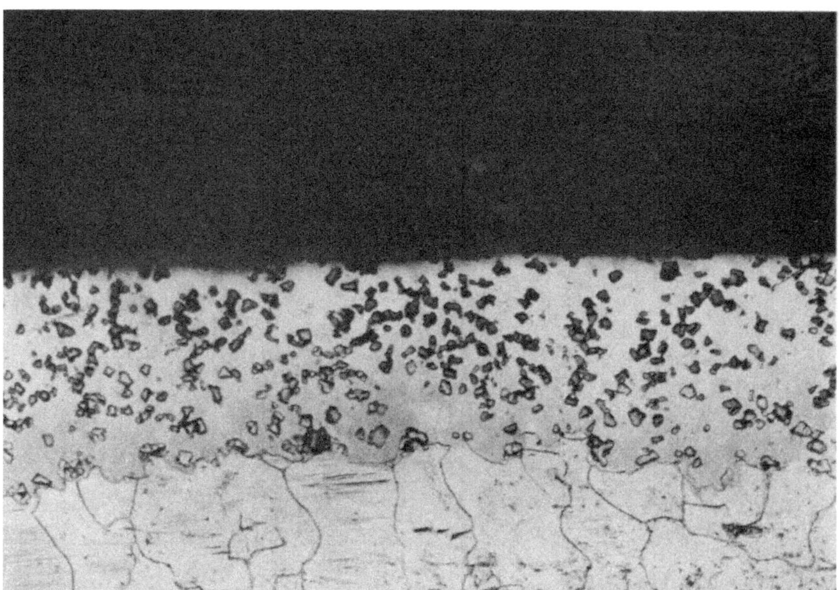

I_5 L_3 F_2 × 200

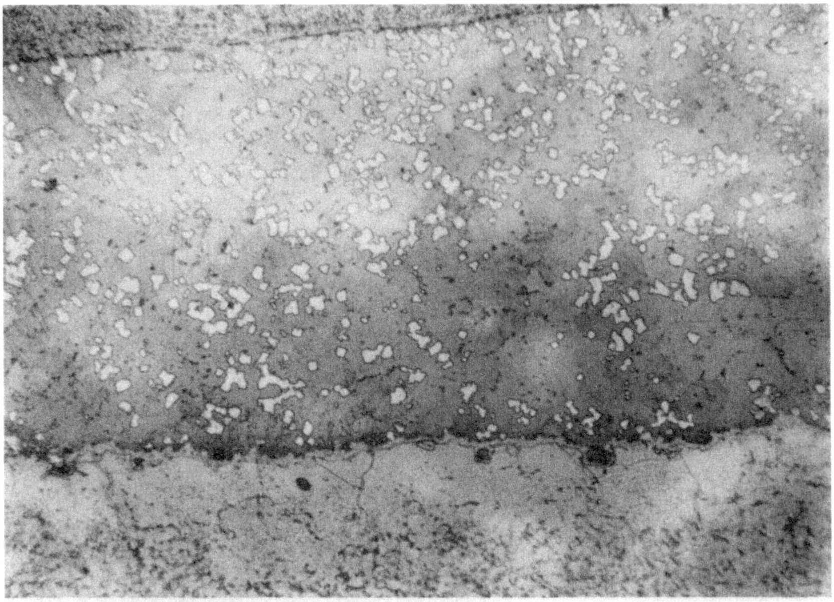

I_5 L_4 F_2 $\times$ 200

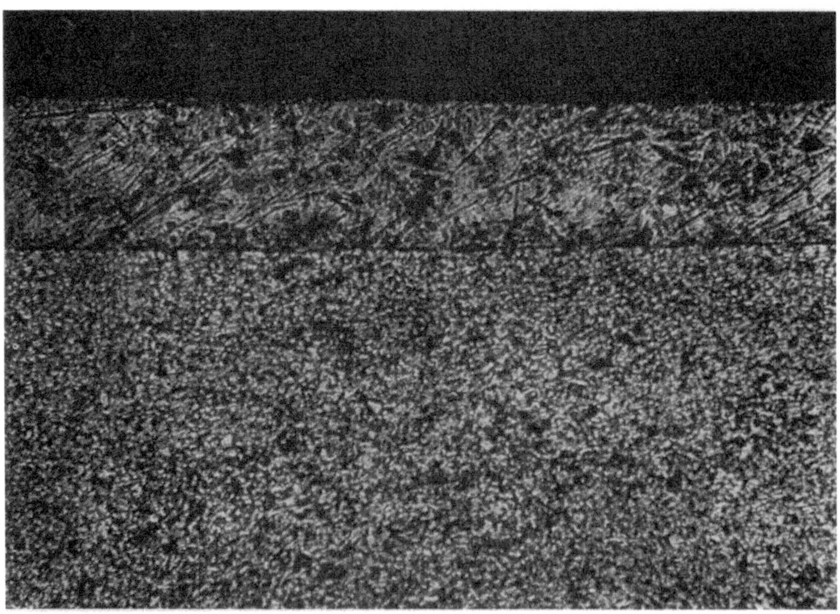

I_5 L_5 F_1 $\times$ 200

I_7 L_1 F_1 Tropfenrand $\times$ 200

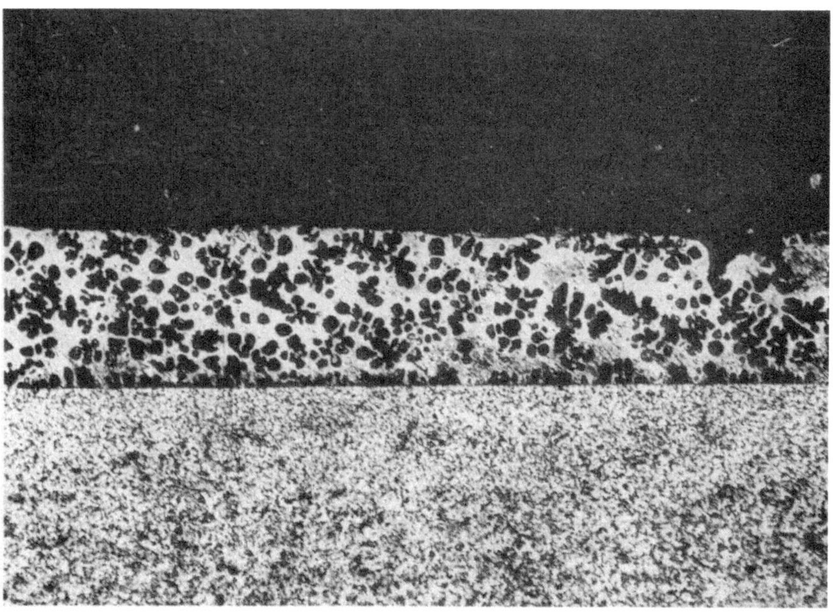

I_7 L_1 F_1 Tropfenmitte $\times$ 200

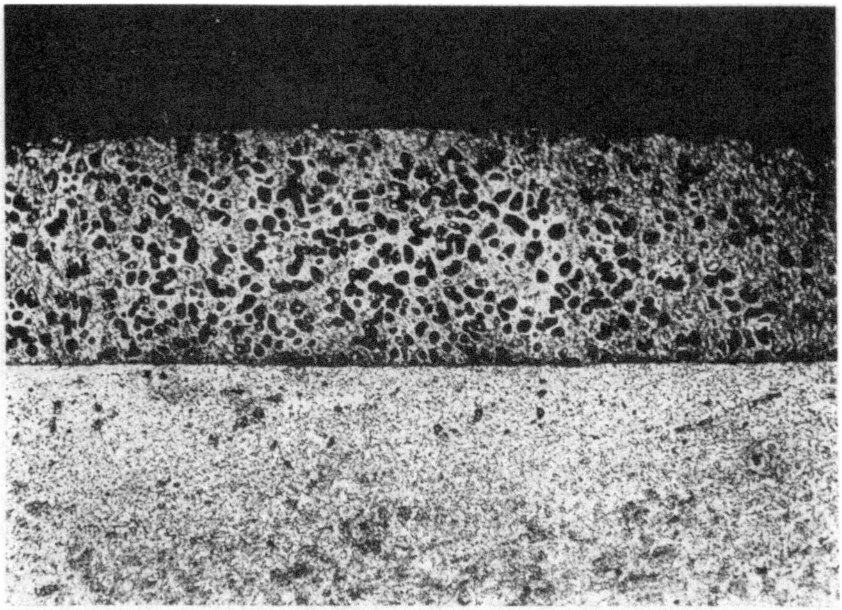

I_7 L_2 F_1 $\times$ 200

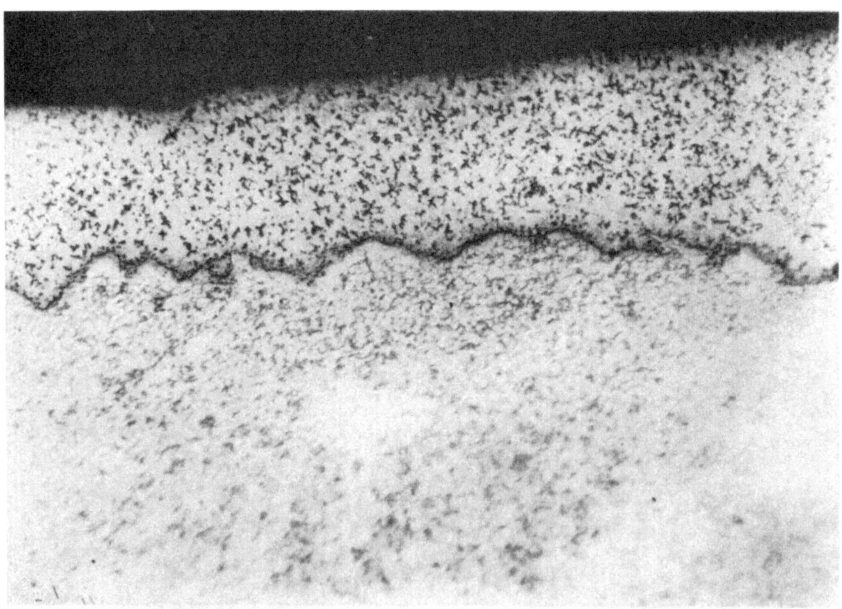

I_7 L_2 F_2 $\times$ 200

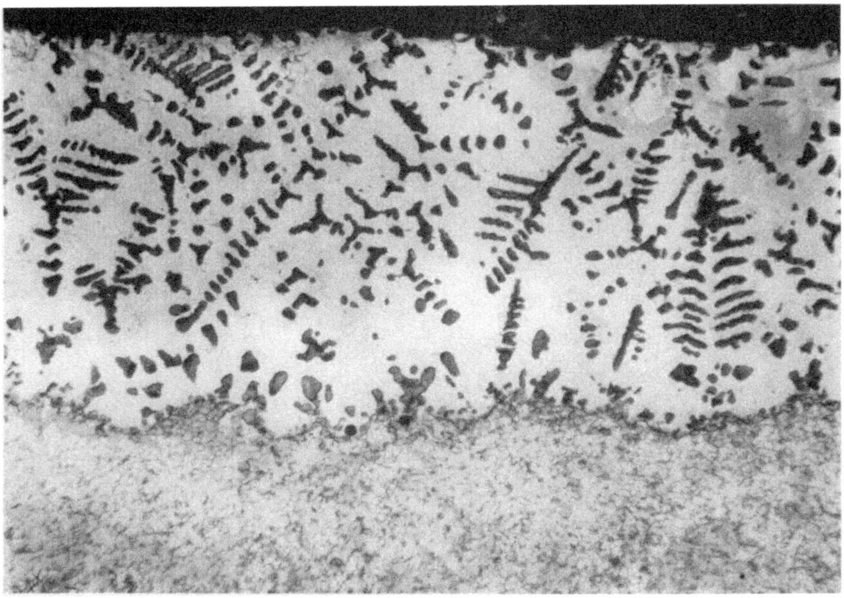

I_7 L_3 F_2 $\times$ 200

I_7 L_4 F_2 $\times$ 200

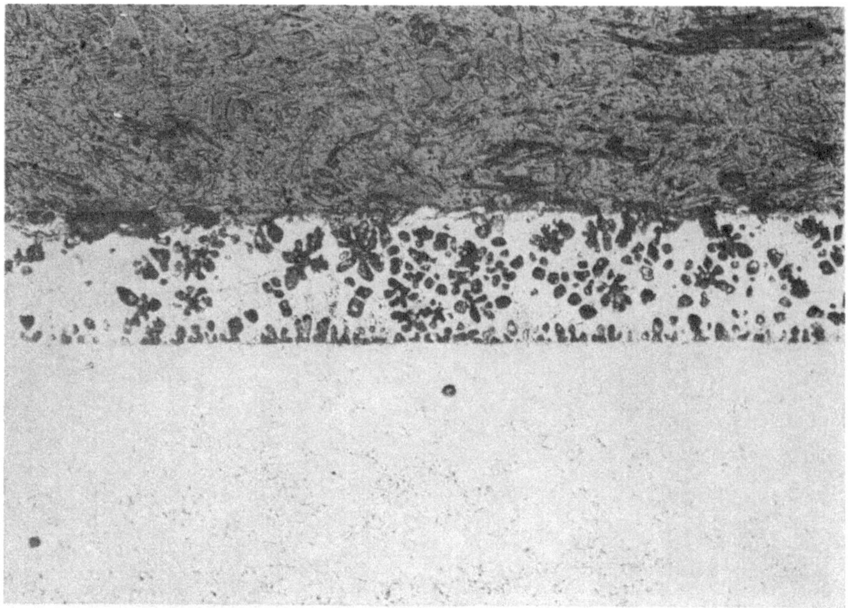

I_8 L_1 F_1 $\times$ 200

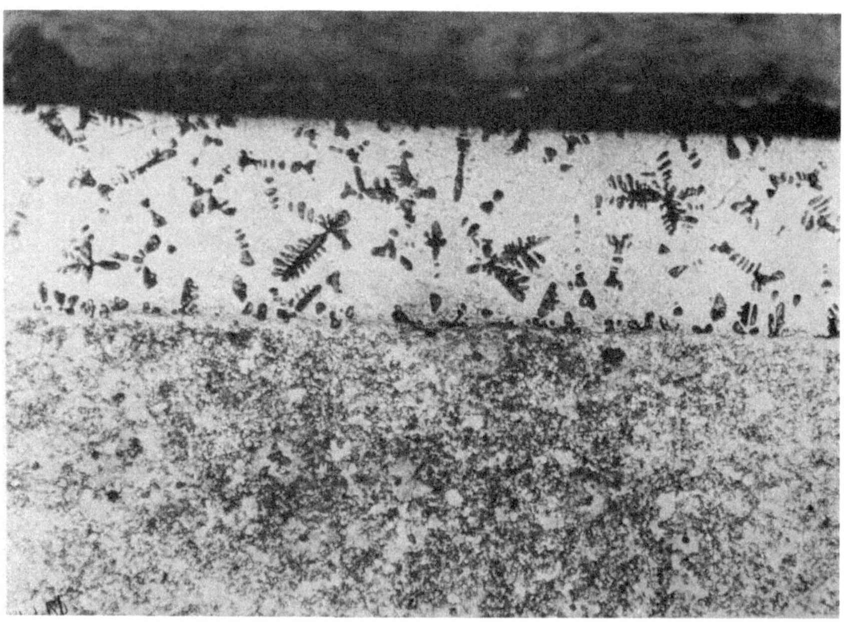

I_8 L_2 F_1 $\times$ 200

I_8 L_3 F_1 × 200

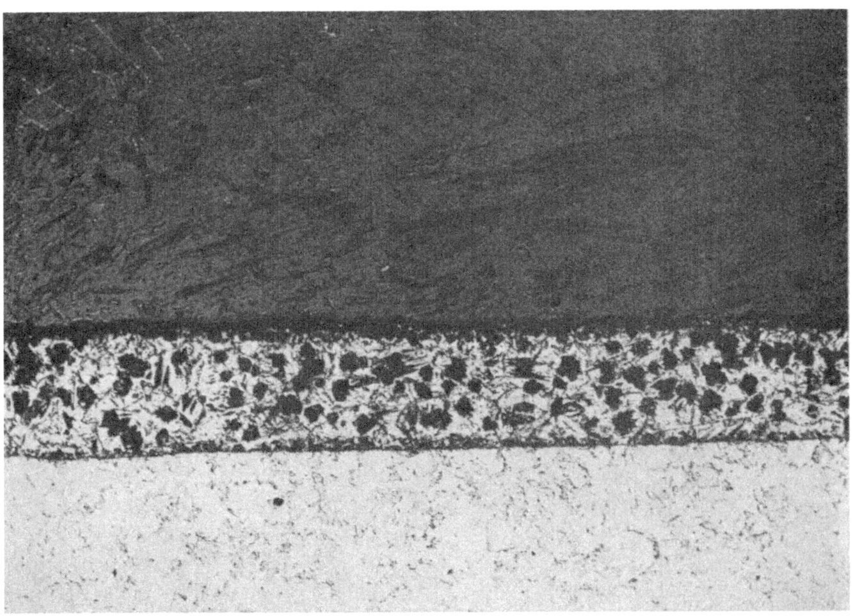

I_8 L_5 F_1 × 200

I_9 L_1 F_1 $\times$ 200

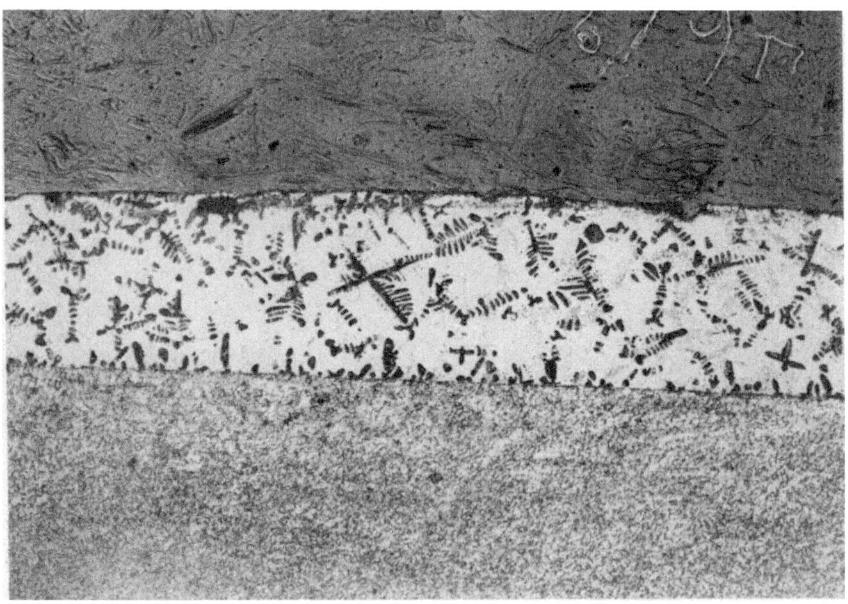

I_9 L_2 F_1 $\times$ 200

I_9 L_3 F_1 Tropfenrand × 200

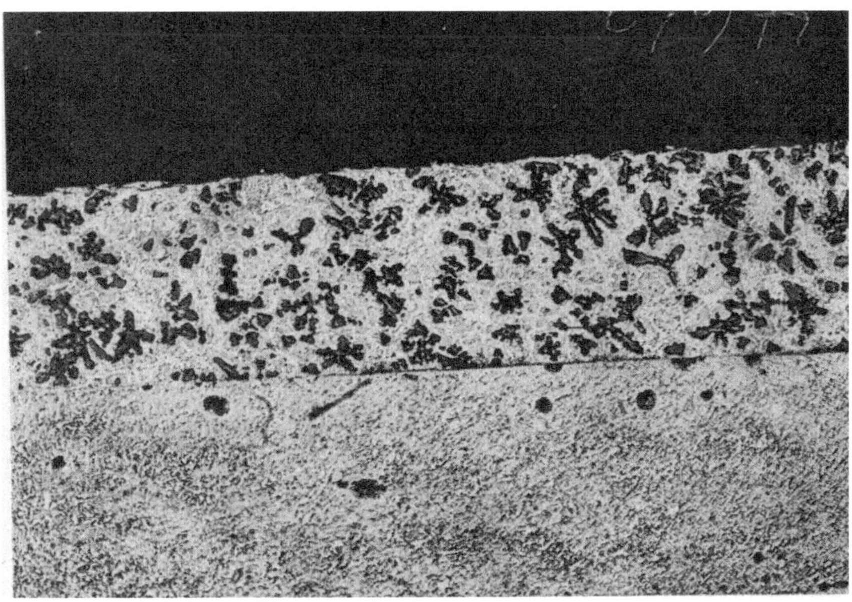

I_9 L_3 F_1 Tropfenmitte × 200

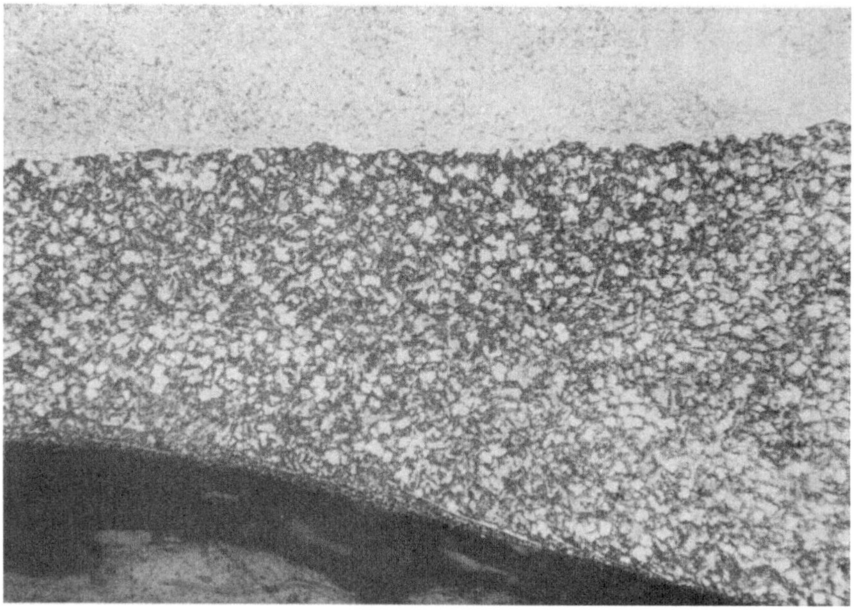

I_9 L_4 F_2 $\times$ 200

I_9 L_5 F_1 Tropfenrand $\times$ 200

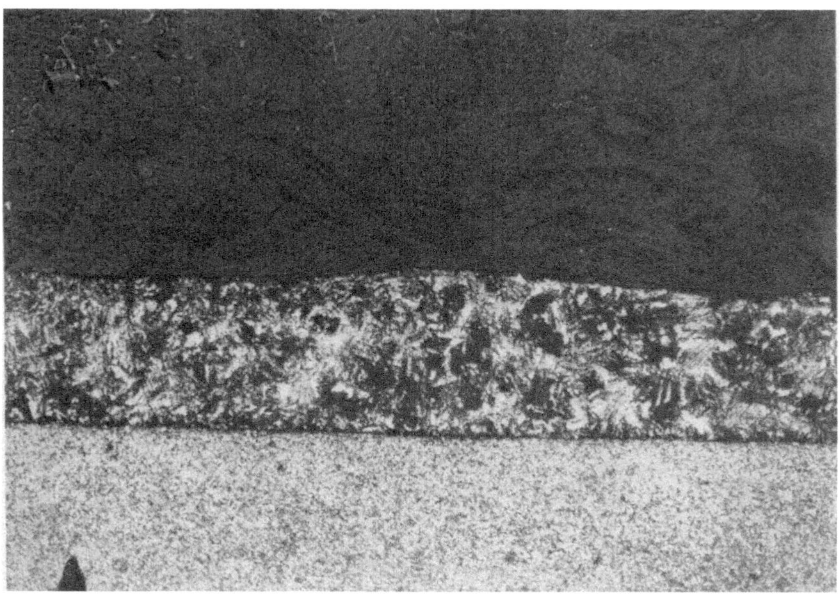

I_9 L_5 F_1 Tropfenmitte $\times$ 200

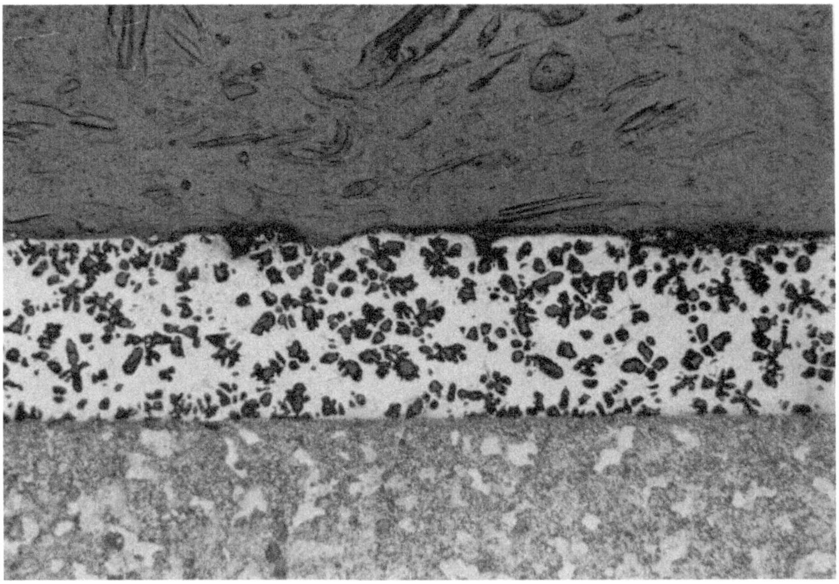

I_{10} L_1 F_1 × 200

I_{10} L_2 F_1 × 200

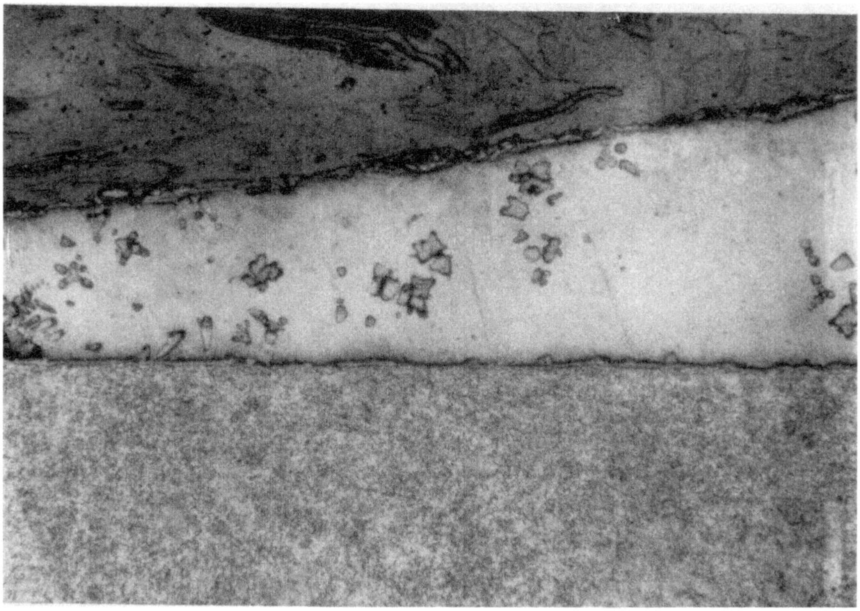

I_{10} L_3 F_2 Tropfenrand × 200

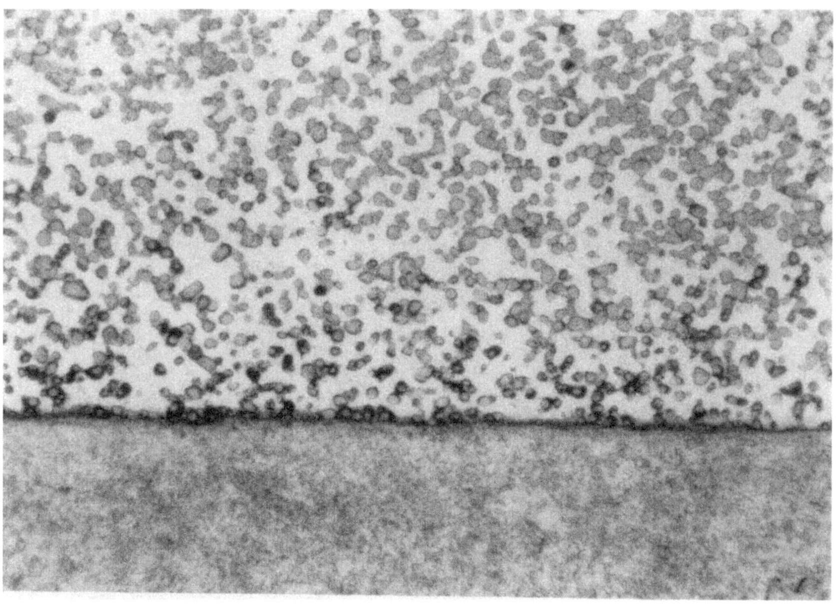

I_{10} L_3 F_2 Tropfenmitte × 200

I_{10} L_4 F_2 $\times$ 200

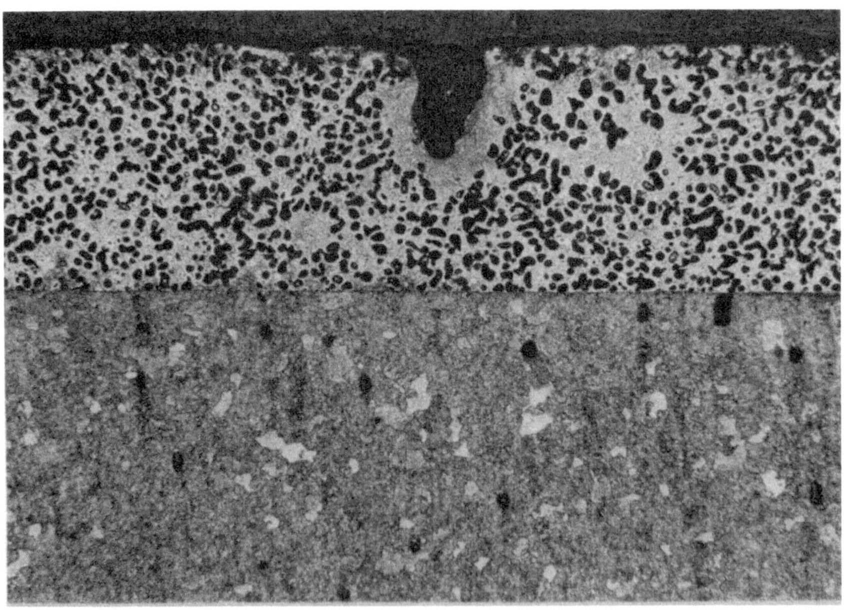

I_{10} L_5 F_1 $\times$ 200

Lötkombinationen der Werkstoffgruppe II

II_1 L_1 F_2 Tropfenrand × 200

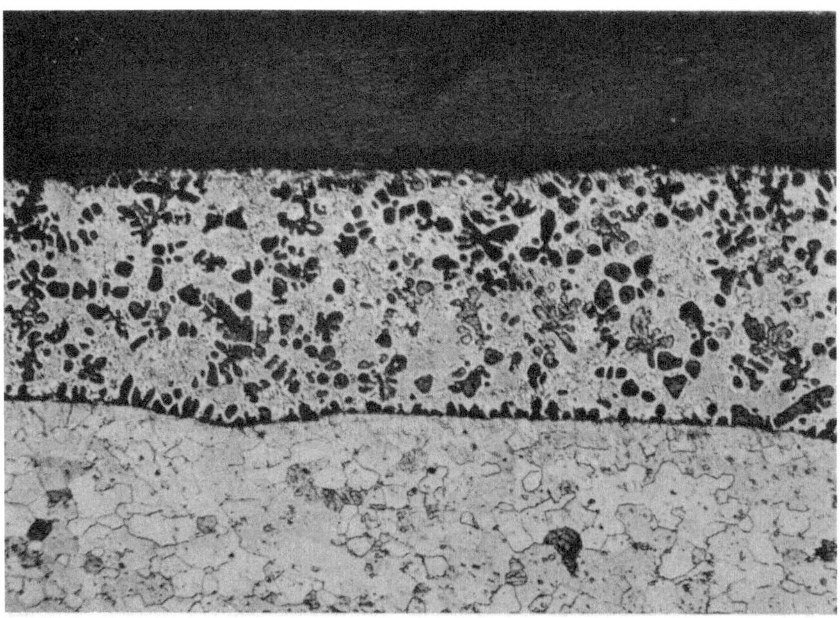

II_1 L_1 F_2 Tropfenmitte × 200

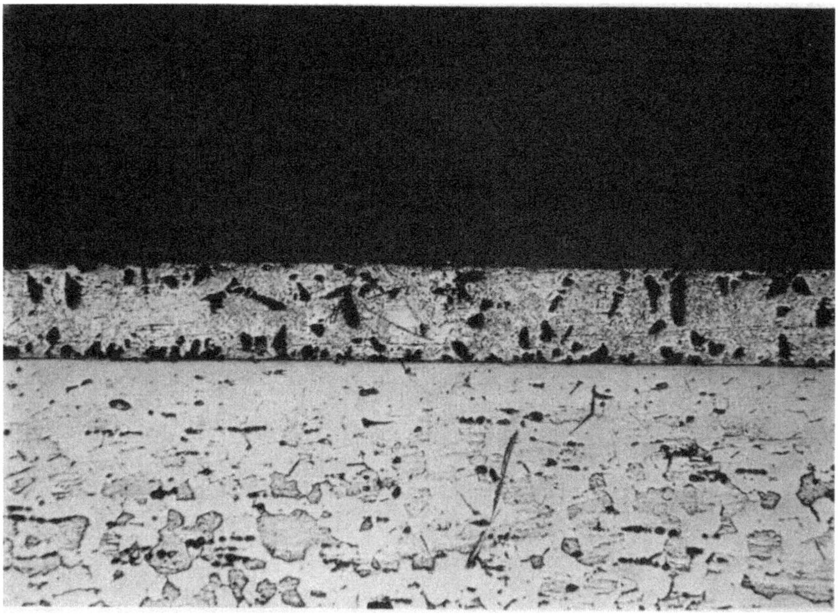

II_1 L_2 F_2 × 200

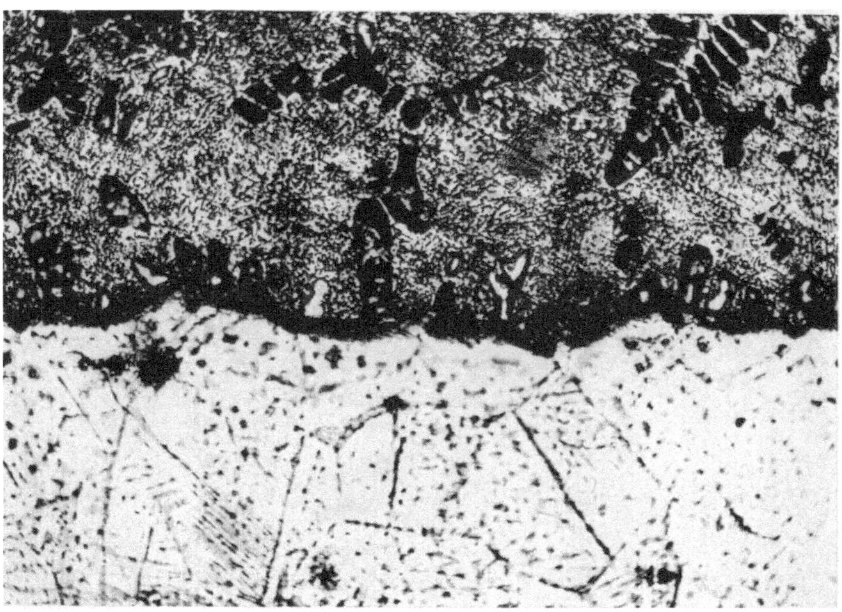

II_1 L_3 F_2 × 400

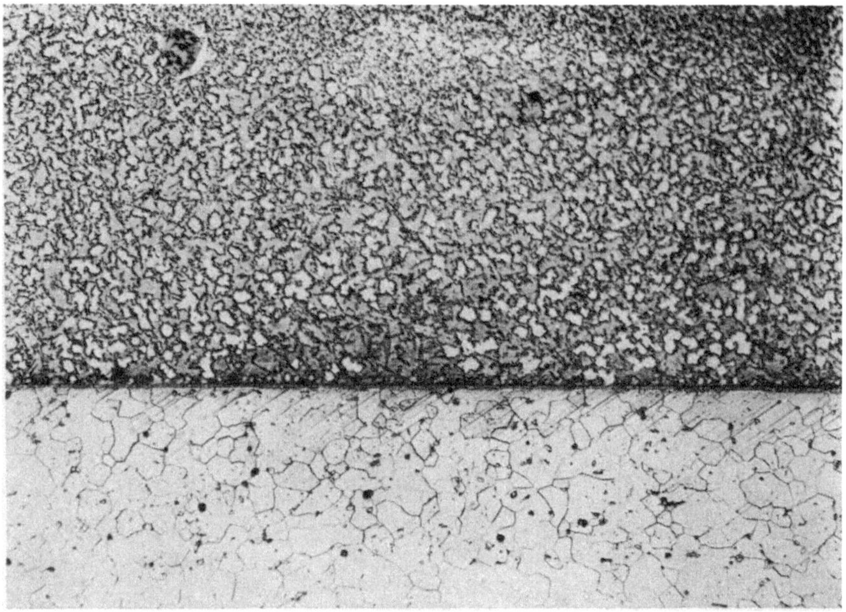

II_1 L_4 F_2 $\times$ 200

II_1 L_5 F_2 $\times$ 200

II_2 L_1 F_2 $\times$ 200

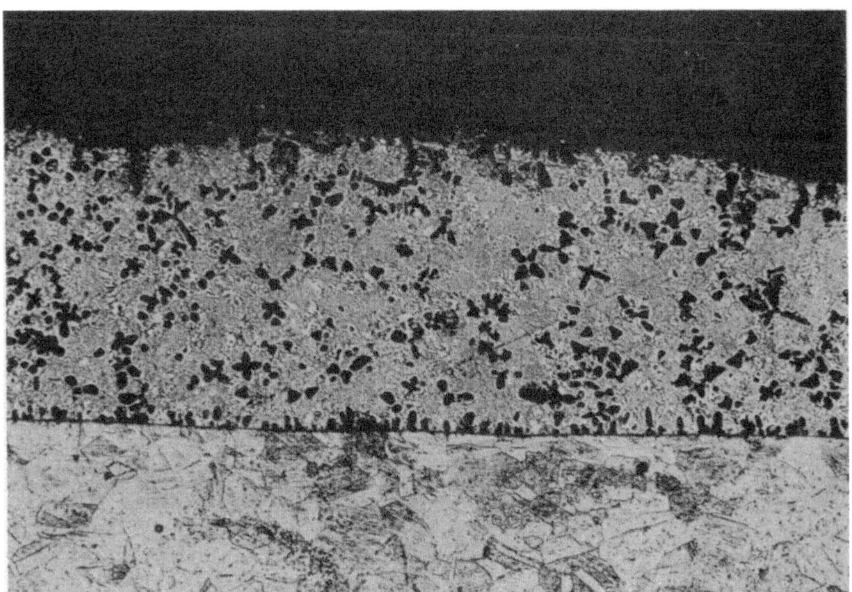

II_2 L_2 F_2 $\times$ 200

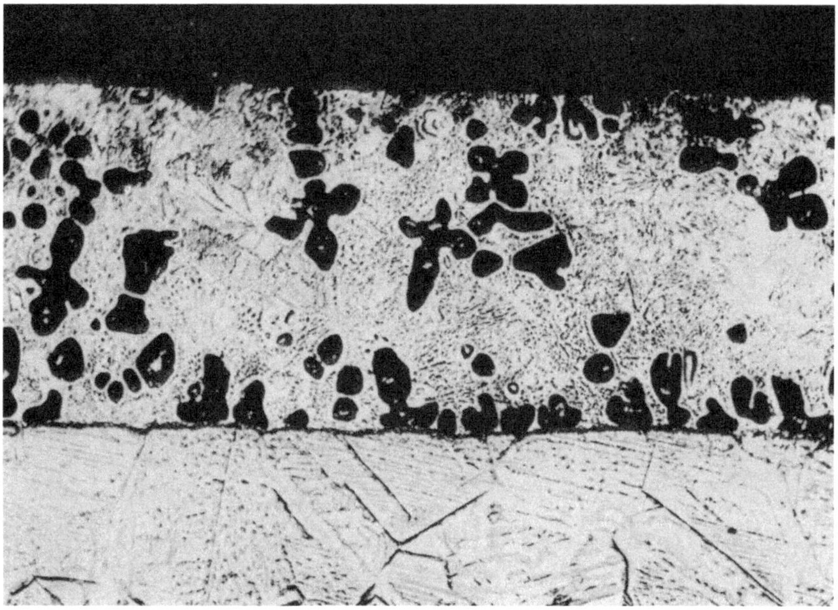

II_2 L_3 F_2 $\times$ 400

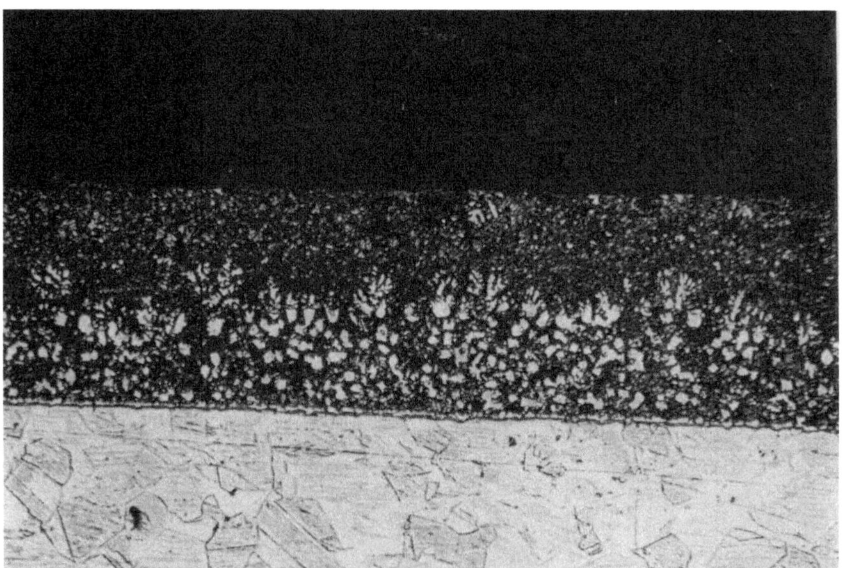

II_2 L_4 F_2 $\times$ 200

II$_2$ L$_5$ F$_2$ × 200

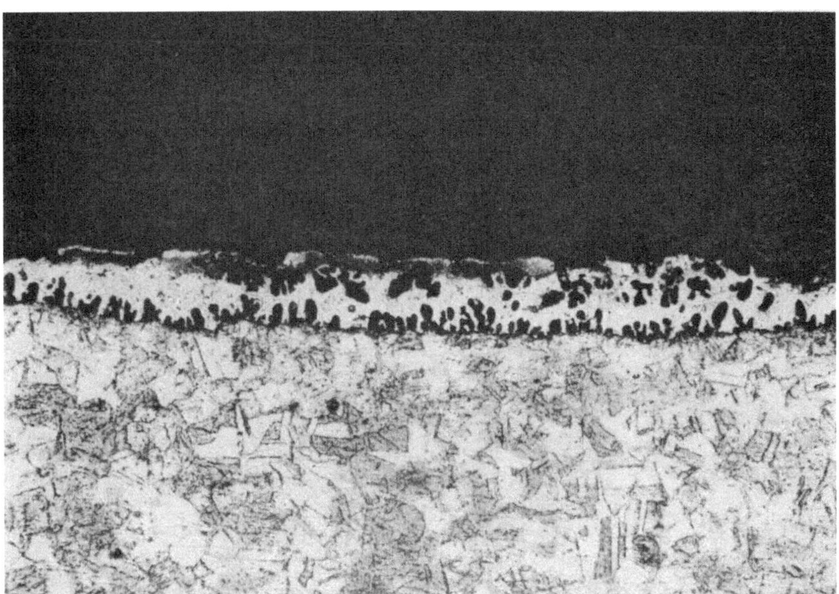

II$_3$ L$_1$ F$_2$ × 200

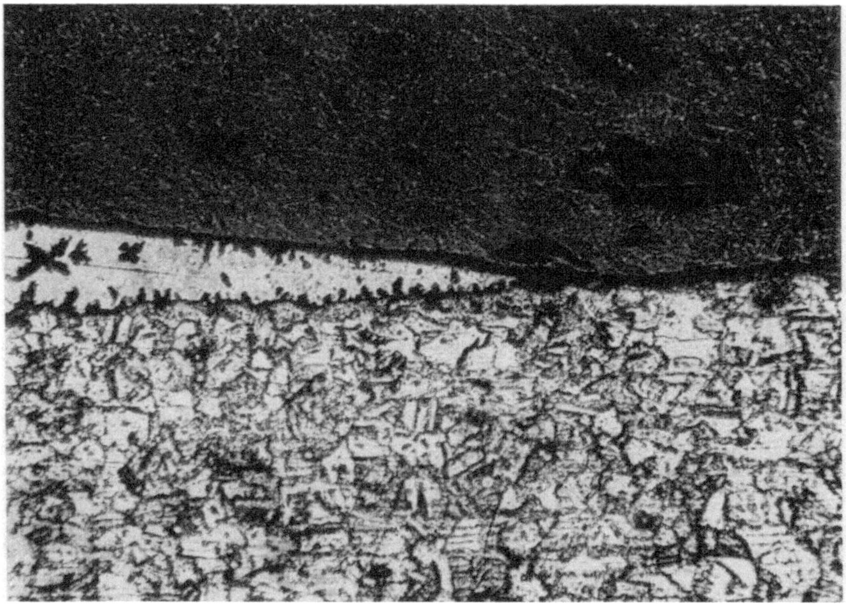

II_3 L_2 F_2 Tropfenrand $\times$ 200

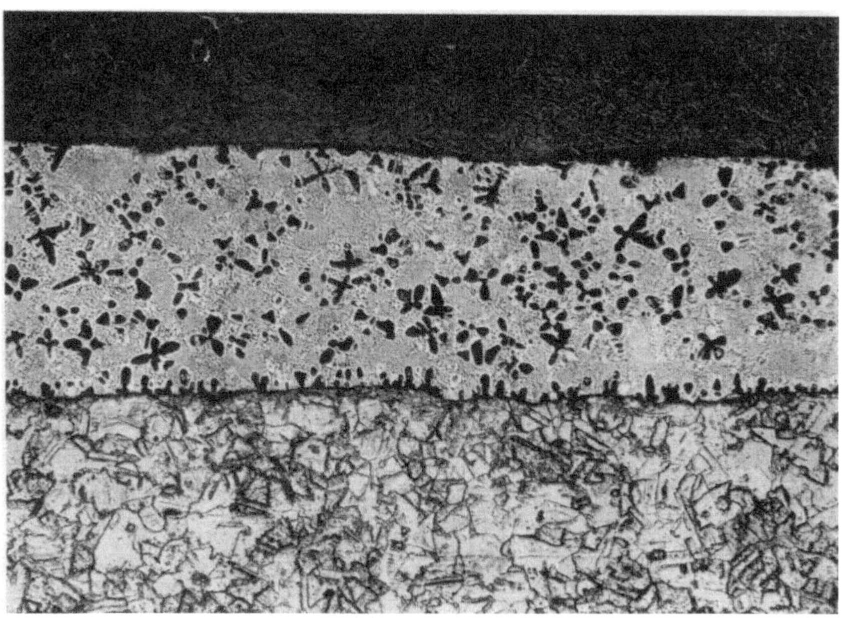

II_3 L_2 F_2 Tropfenmitte $\times$ 200

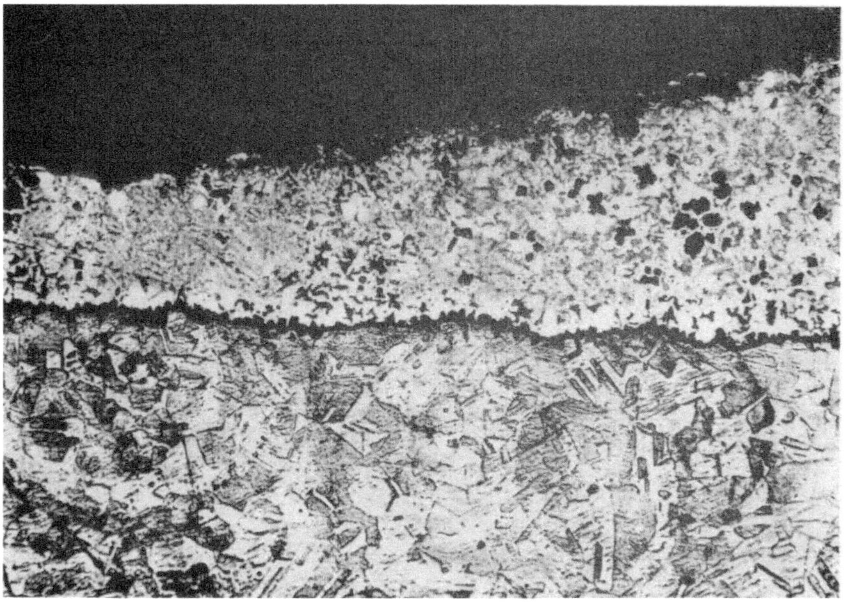

II_3 L_3 F_2 $\times$ 200

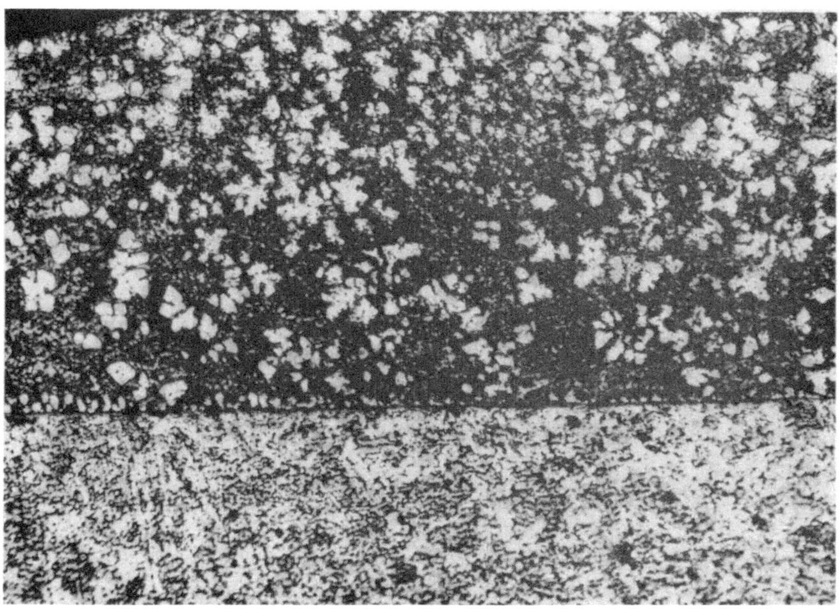

II_3 L_4 F_3 $\times$ 200

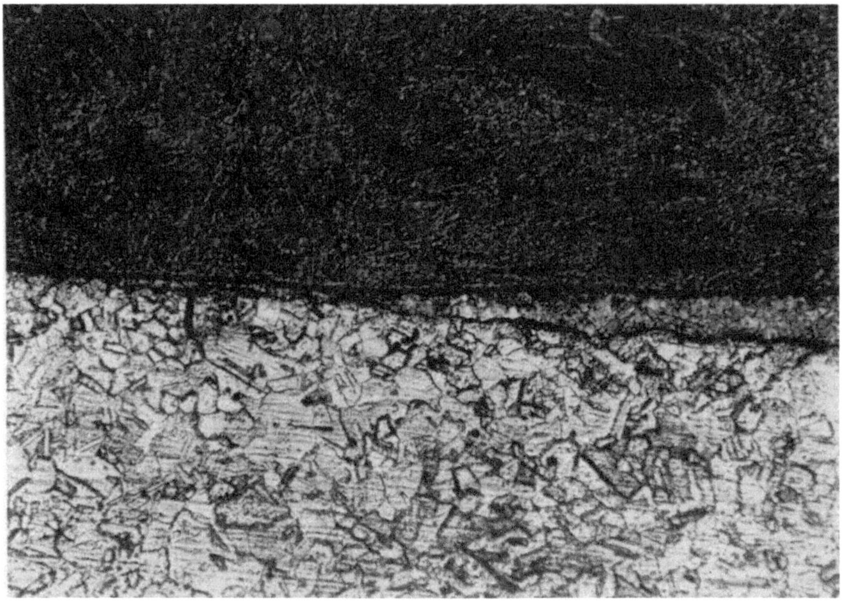

II_3 L_4 F_2 Tropfenrand $\times$ 200

II_3 L_4 F_2 Tropfenmitte $\times$ 200

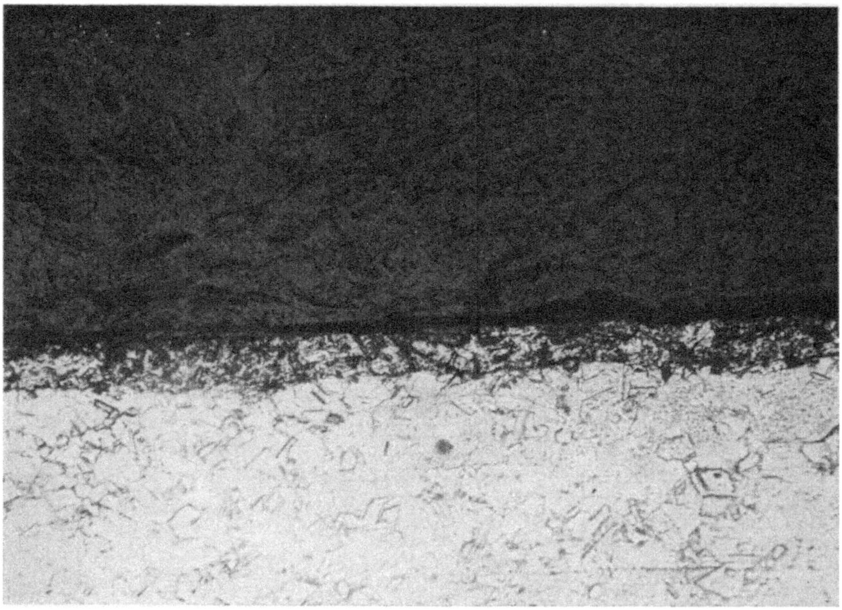

II3 L5 F2 × 200

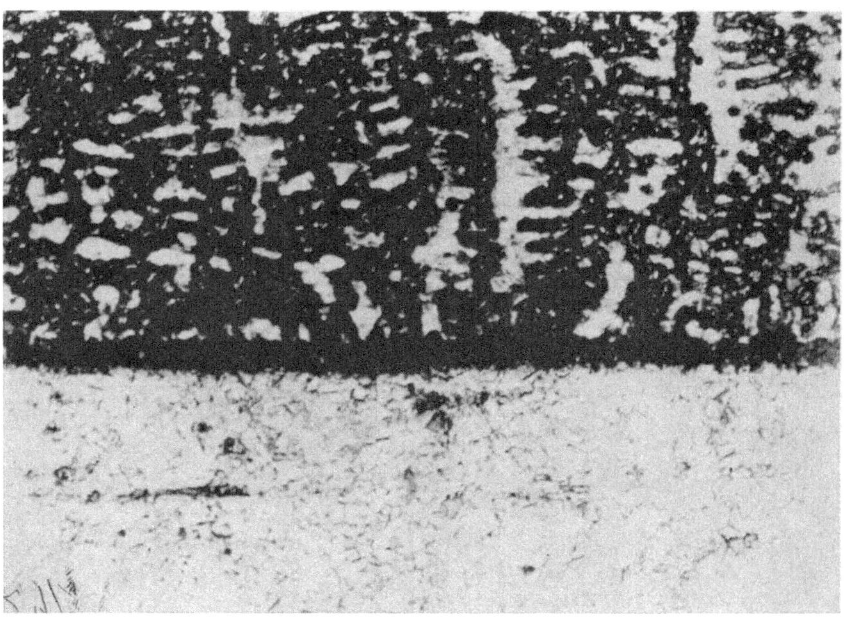

II3 L8 F7 × 200

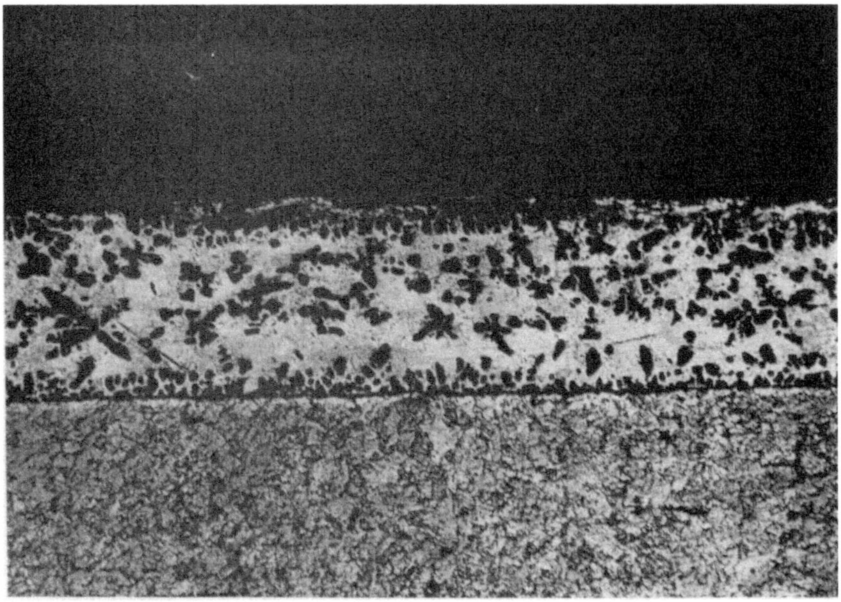

II_4 L_1 F_2 $\times$ 200

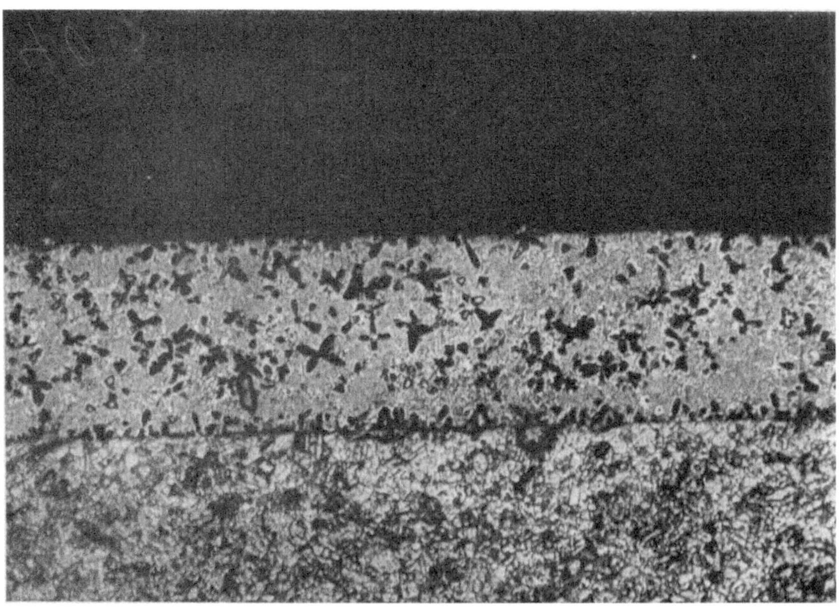

II_4 L_2 F_2 $\times$ 200

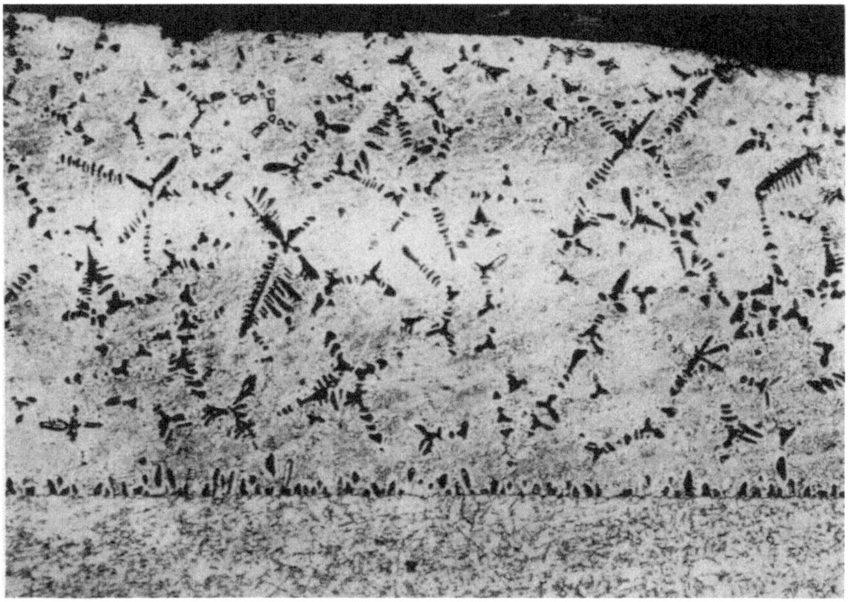

II_4 L_2 F_3 $\times$ 200

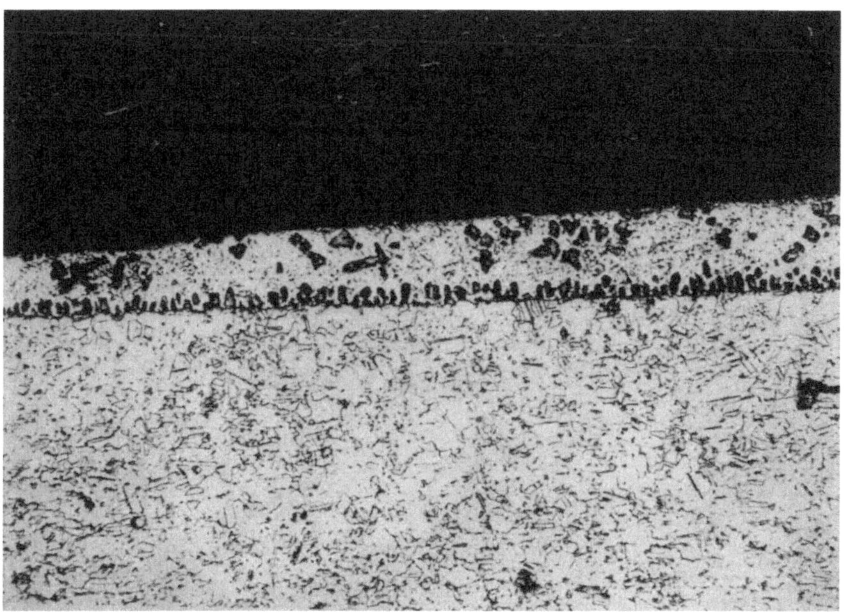

II_4 L_3 F_2 $\times$ 200

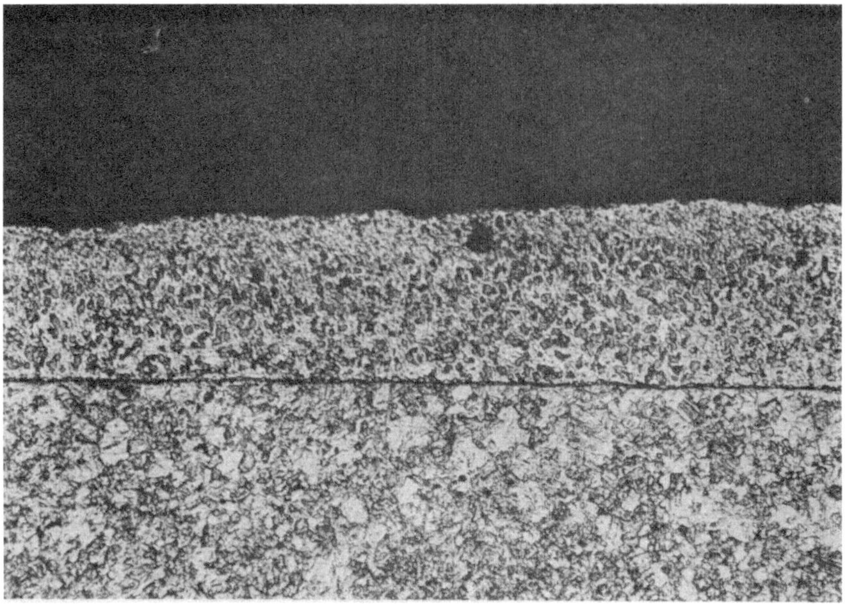

II_4 L_4 F_2 × 200

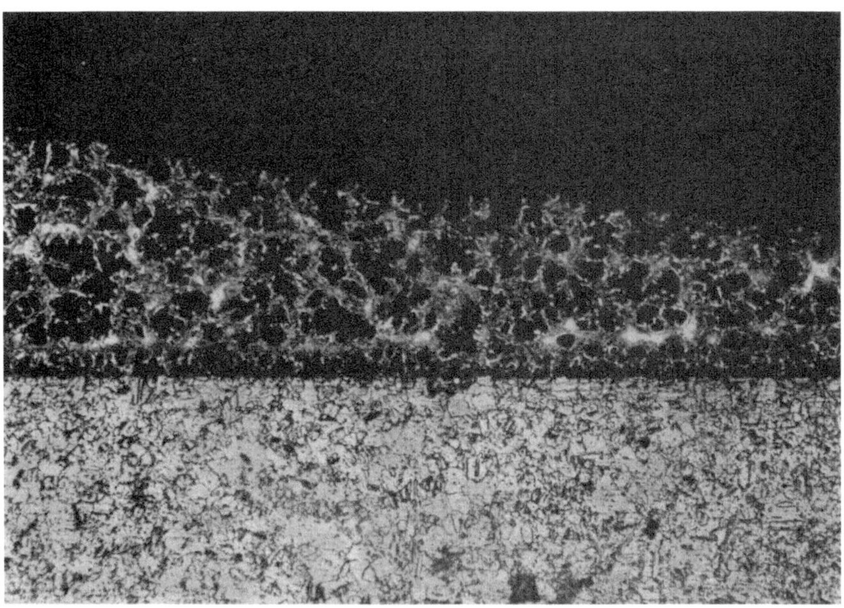

II_4 L_5 F_2 × 200

II$_5$ L$_1$ F$_2$ Tropfenrand × 200

II$_5$ L$_1$ F$_2$ Tropfenmitte × 200

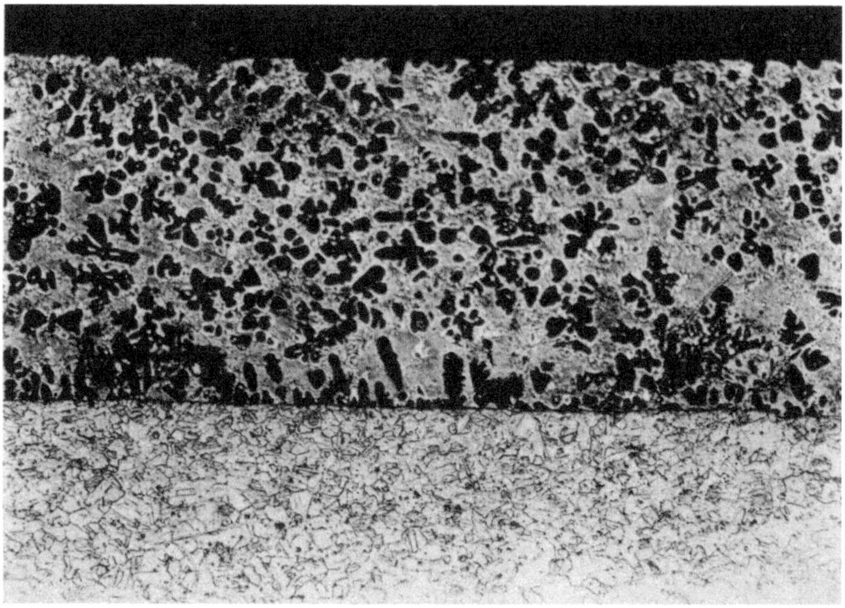

II_5 L_2 F_2 $\times$ 200

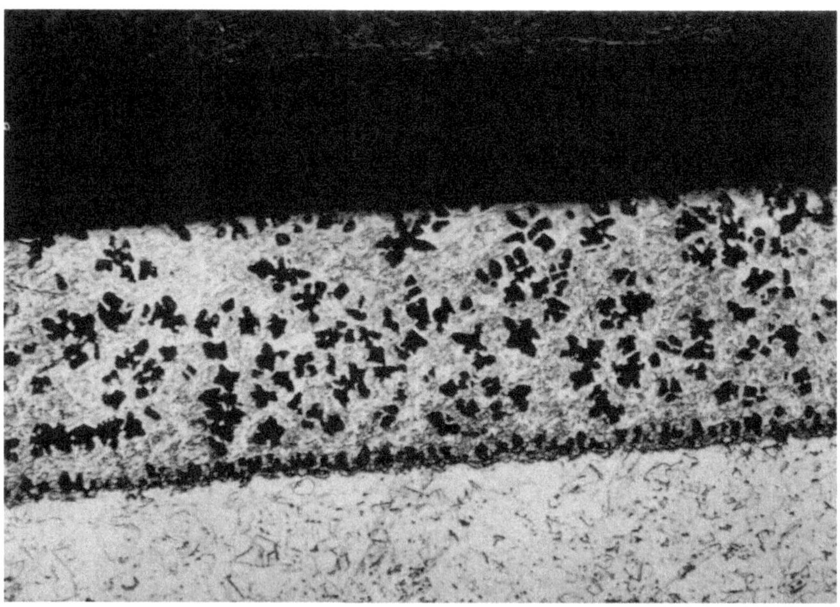

II_5 L_3 F_3 $\times$ 200

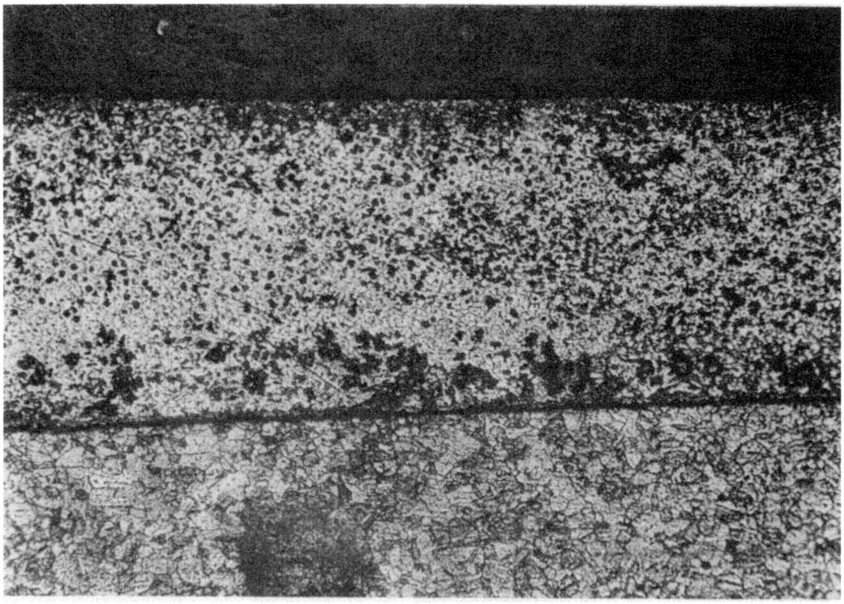

II_5 L_4 F_2 $\times$ 200

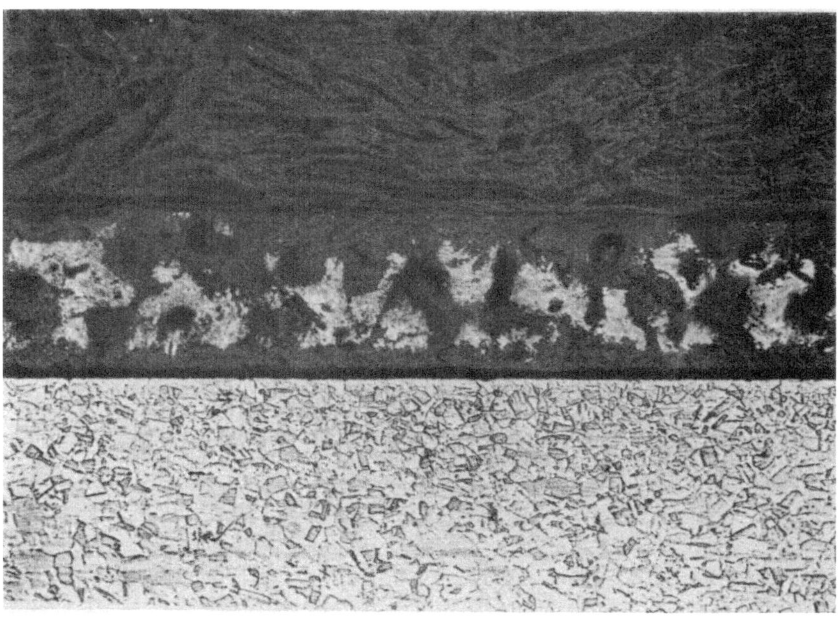

II_5 L_5 F_2 $\times$ 200

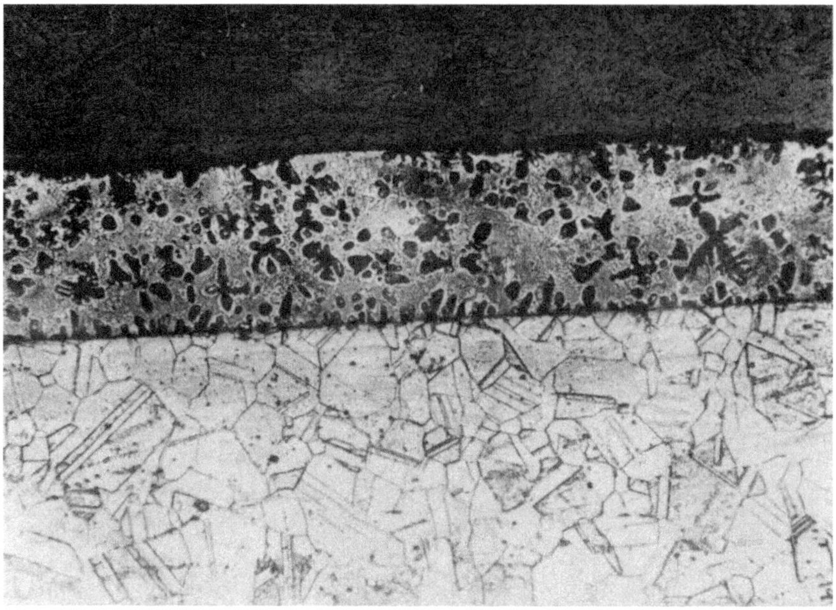

II_6 L_1 F_2 $\times$ 200

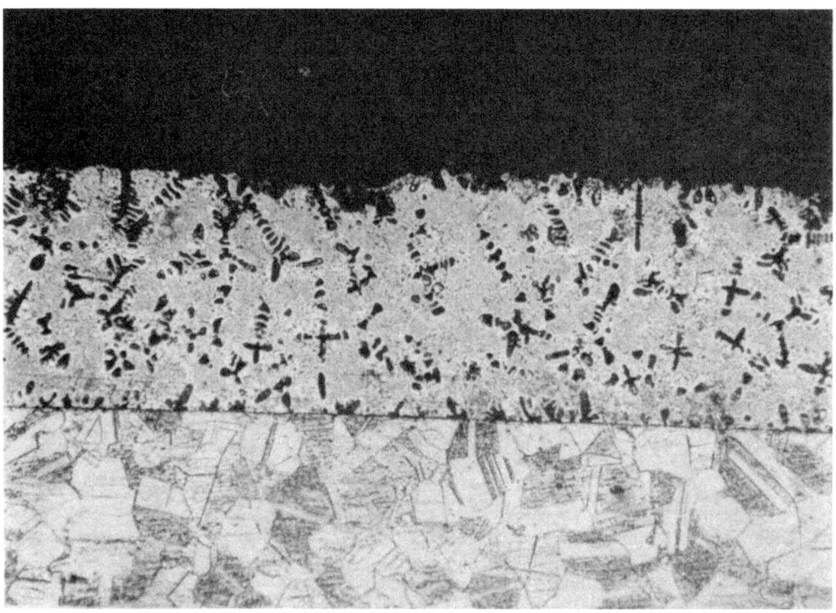

II_6 L_2 F_2 $\times$ 200

II₆ L₃ F₁ × 200

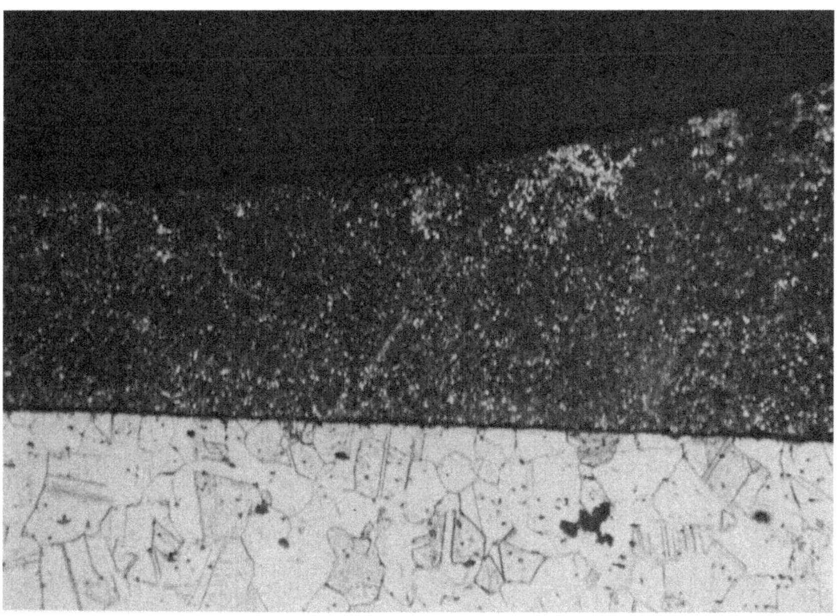

II₆ L₄ F₂ × 200

II_6 L_5 F_2 $\times$ 200

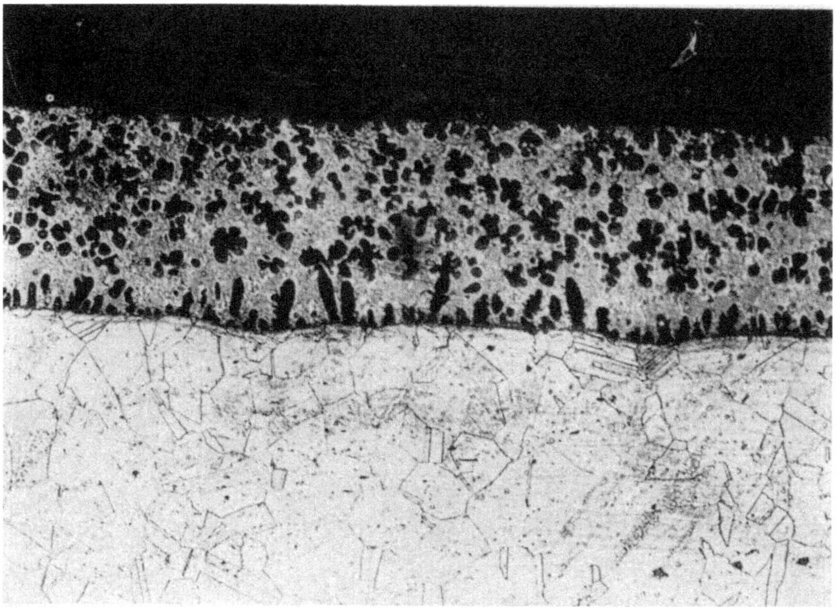

II_7 L_1 F_2 × 200

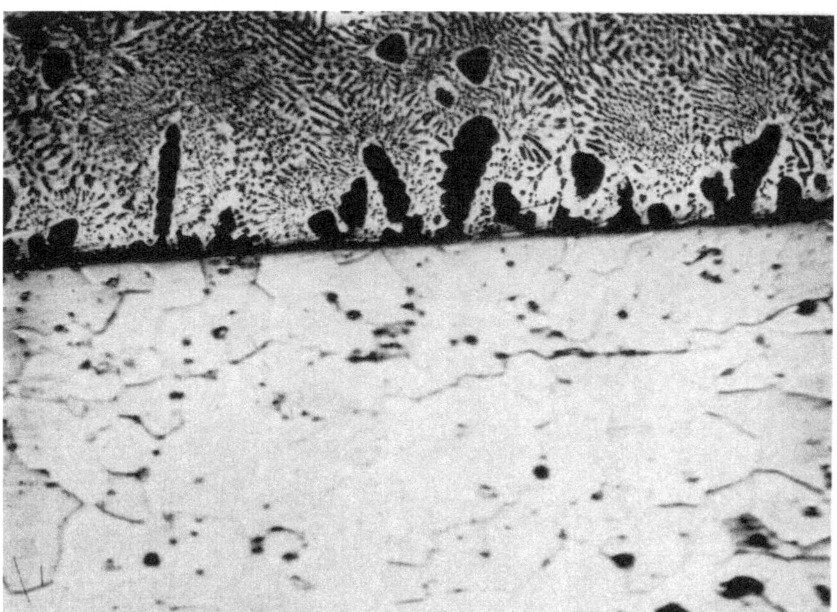

II_7 L_2 F_1 × 400

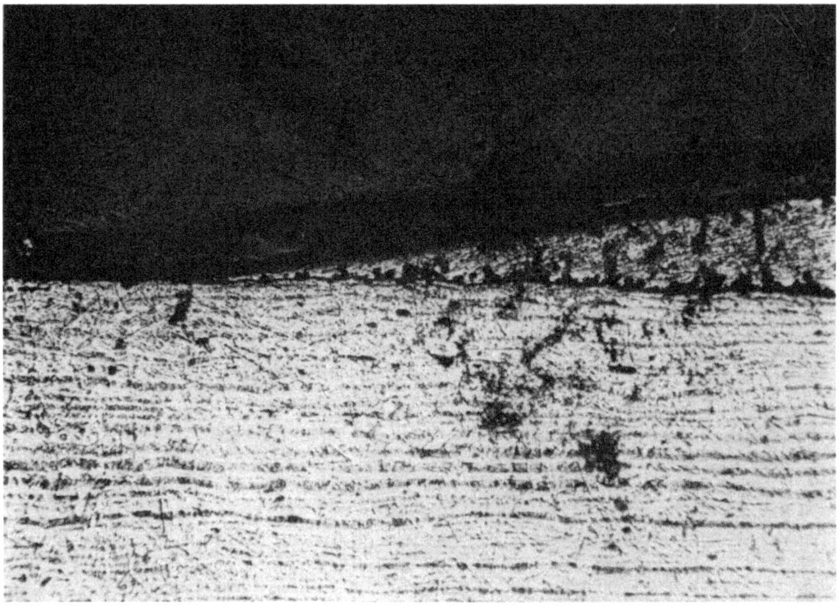

II$_7$ L$_2$ F$_2$ Tropfenrand $\times$ 200

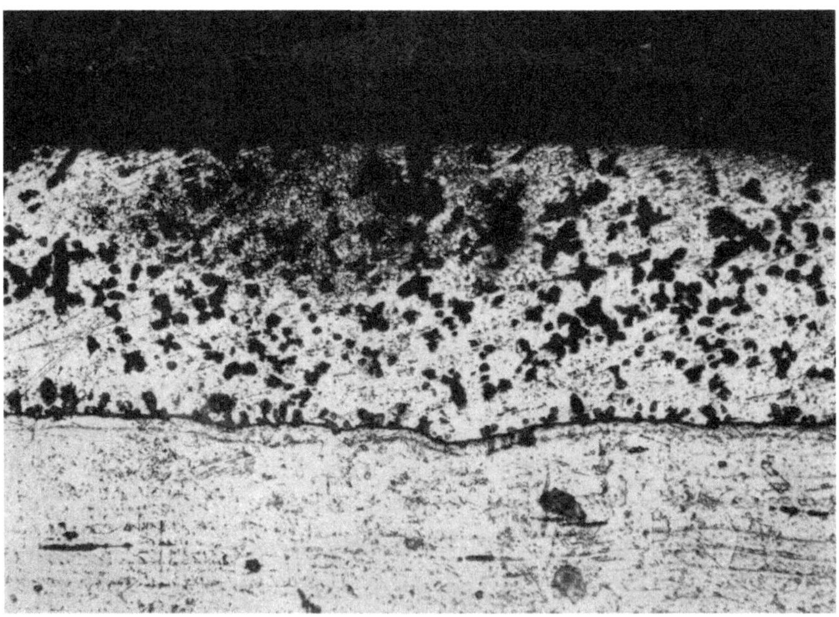

II$_7$ L$_2$ F$_2$ Tropfenmitte $\times$ 200

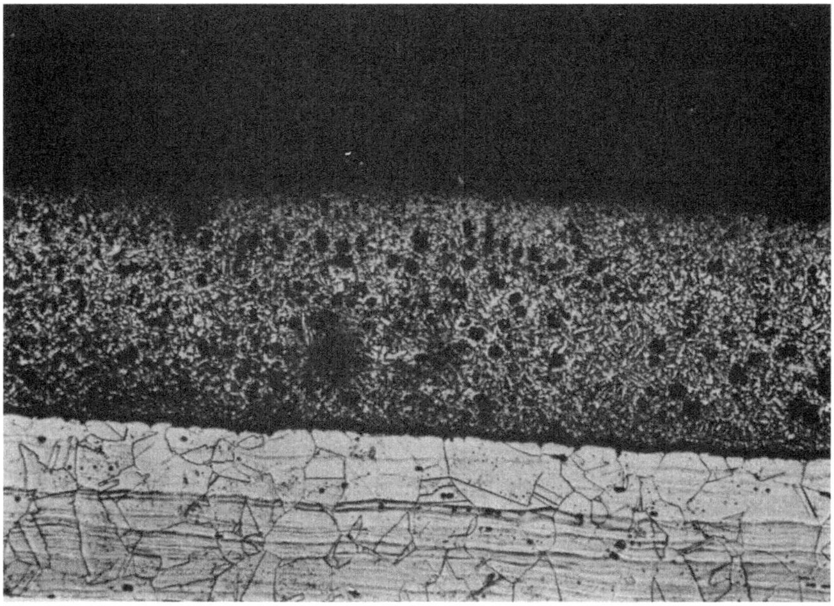

II_7 L_4 F_2 × 200

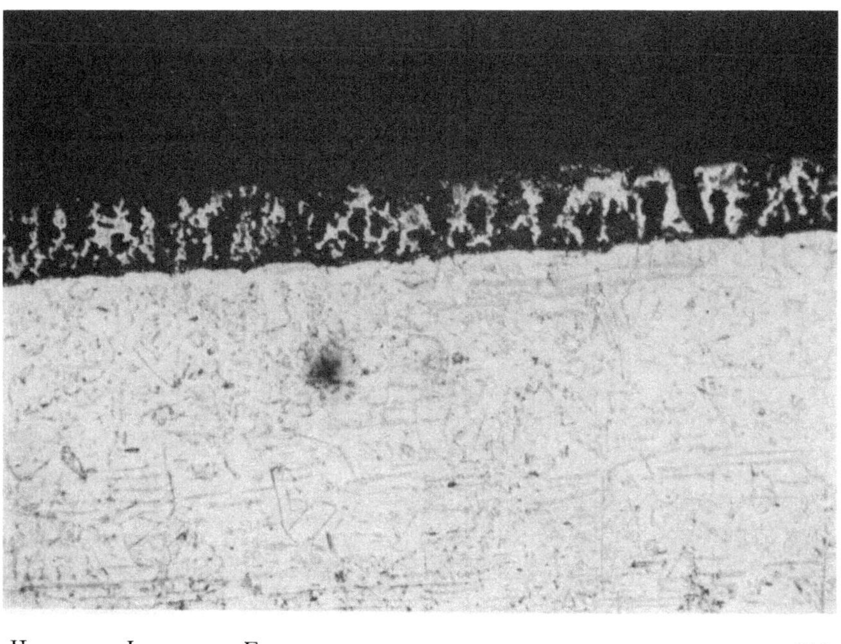

II_7 L_5 F_2 × 200

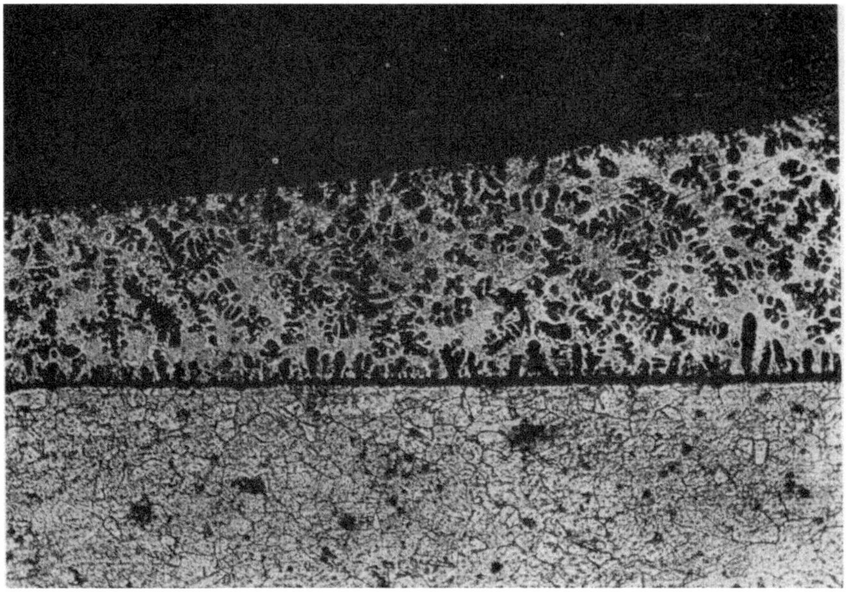

II_8 L_1 F_2 $\times$ 200

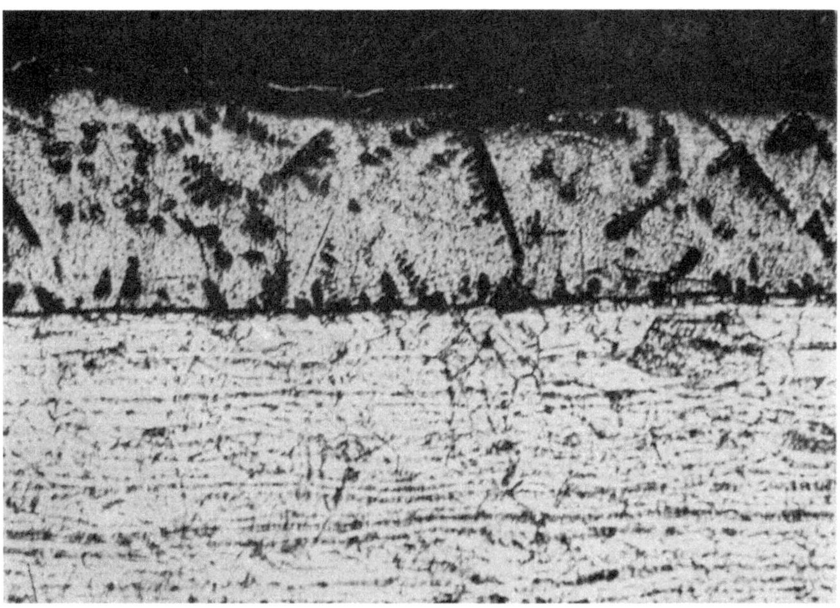

II_8 L_2 F_2 $\times$ 200

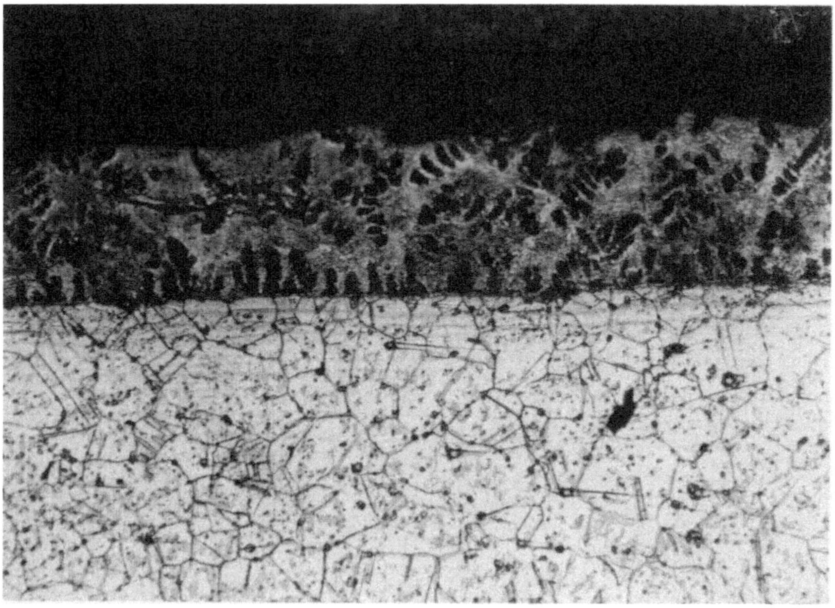

II_8 L_3 F_1 $\times$ 200

II_8 L_4 F_2 $\times$ 200

Lötkombinationen der Werkstoffgruppe III

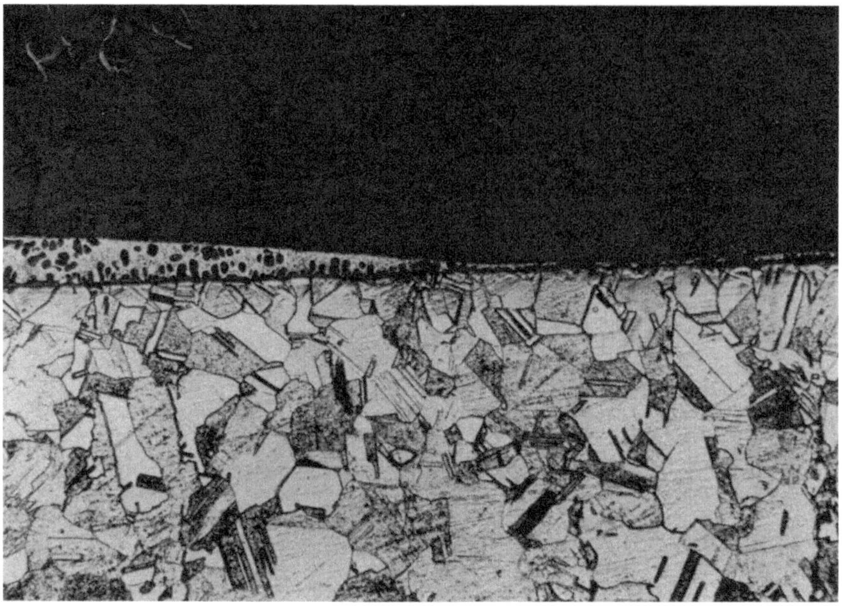

III$_1$ L$_1$ F$_4$ Tropfenrand × 200

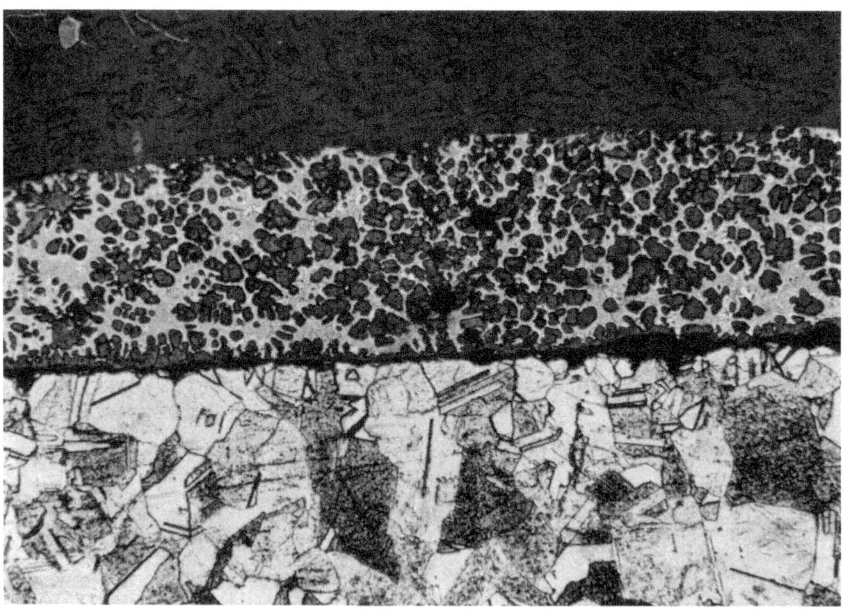

III$_1$ L$_1$ F$_4$ Tropfenmitte × 200

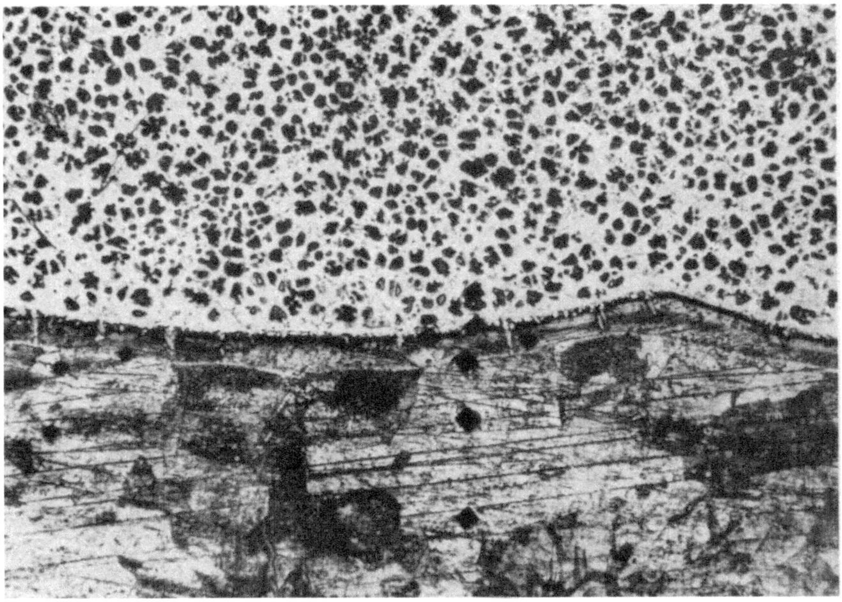

III_1 L_2 F_5 $\times$ 200

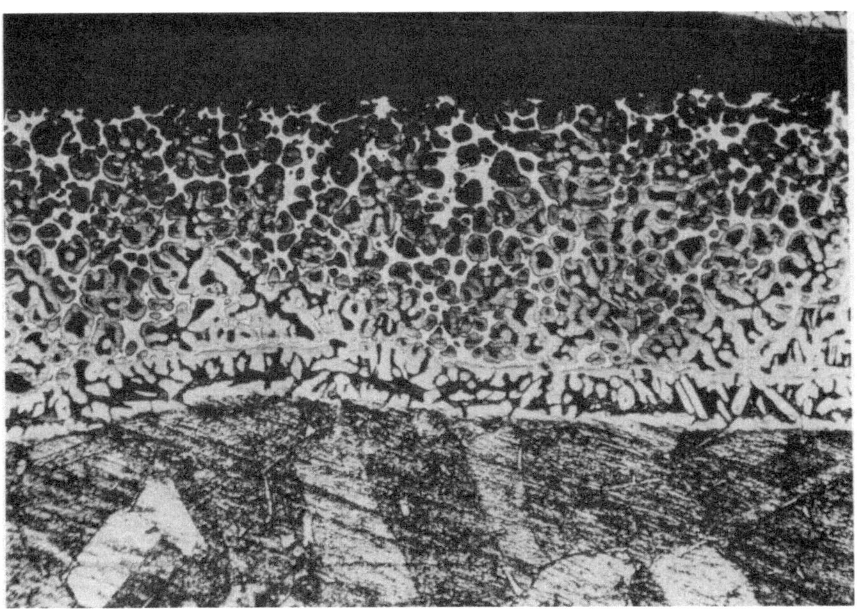

III_1 L_2 F_6 $\times$ 200

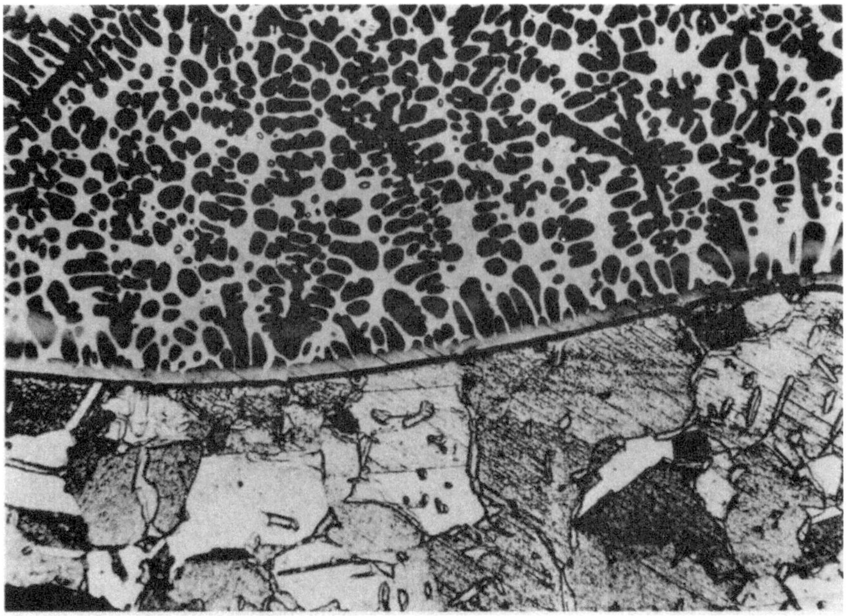

III$_1$ L$_4$ F$_6$ × 200

III$_1$ L$_7$ F$_5$ × 200

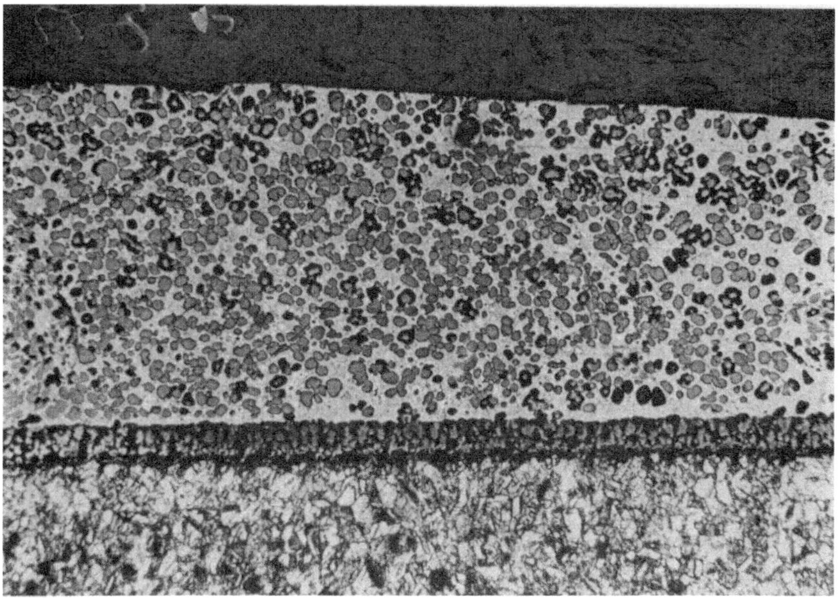

III_2 L_1 F_4 $\times$ 200

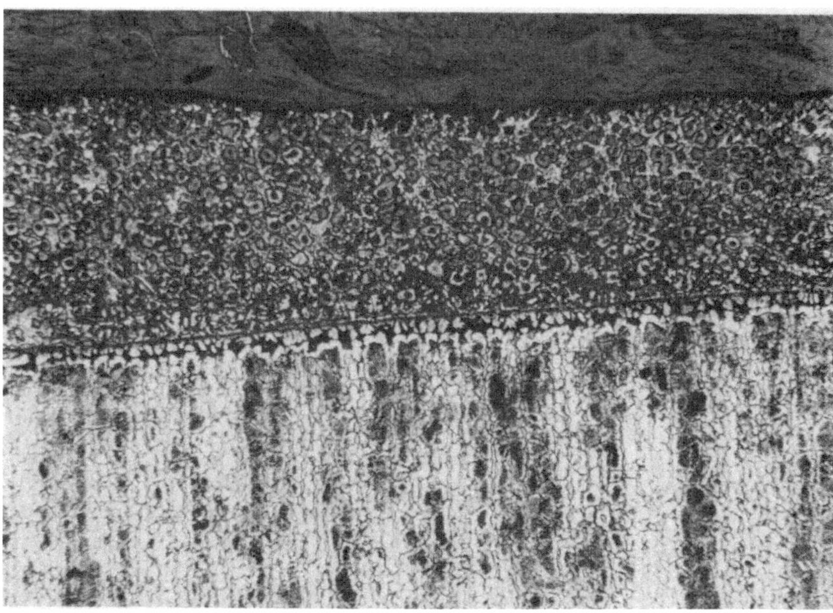

III_2 L_1 $(F_3 + F_6)$ $\times$ 200

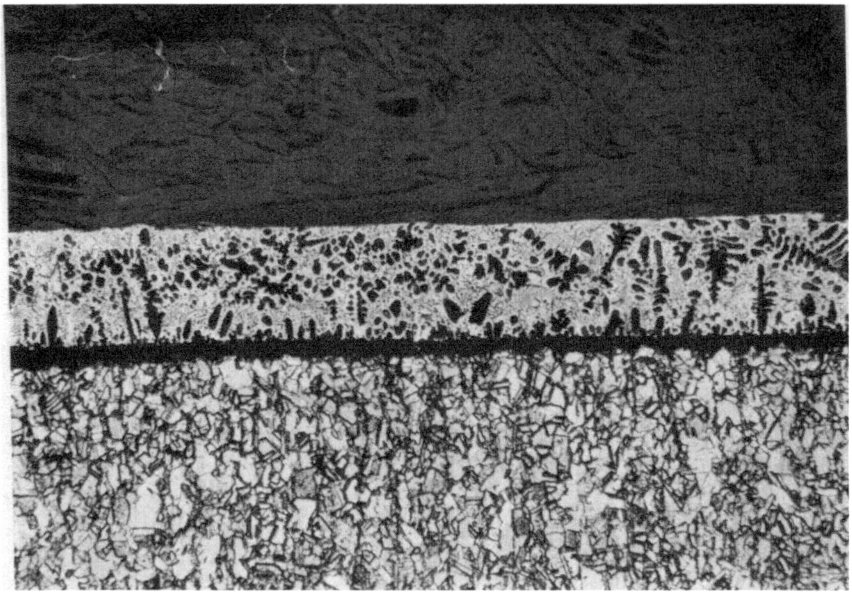

III$_2$ L$_2$ F$_4$ $\times$ 200

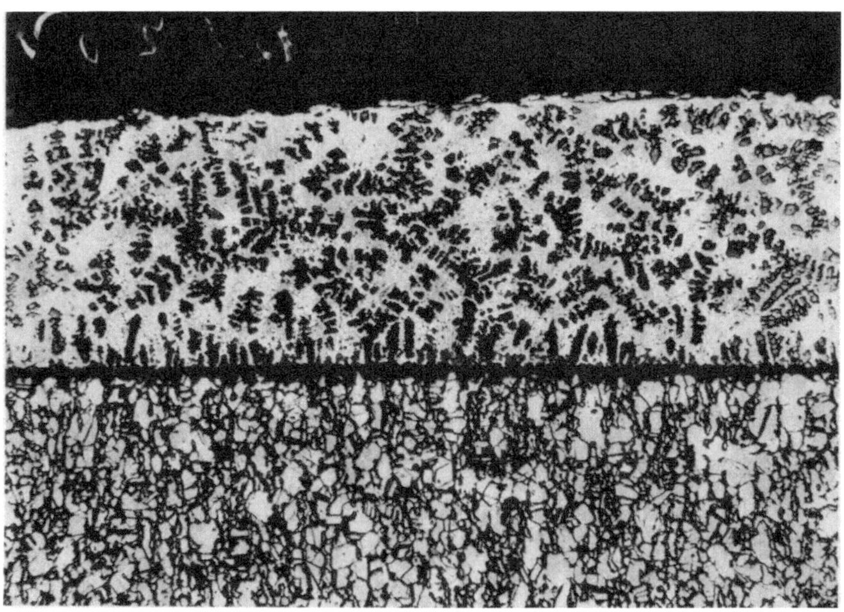

III$_2$ L$_3$ F$_4$ $\times$ 200

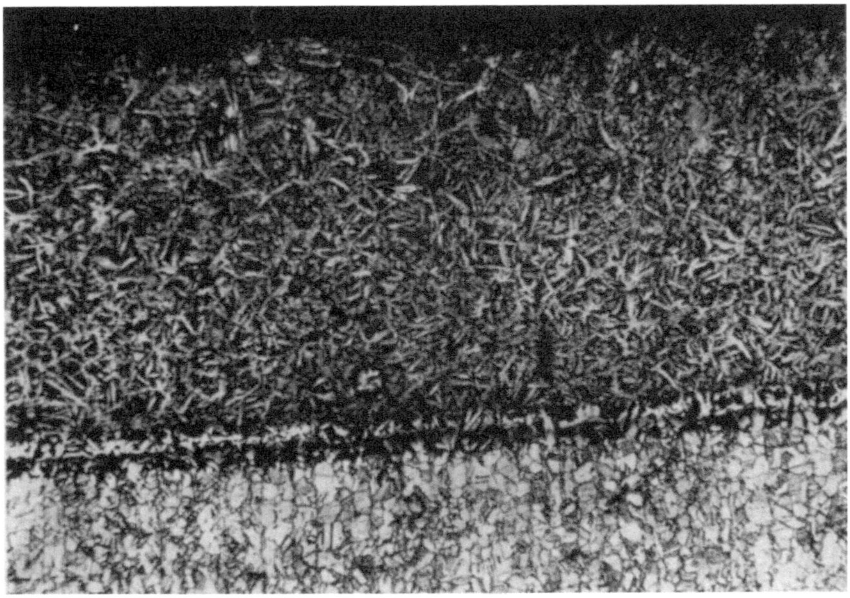

III_2 L_5 F_4 $\times$ 200

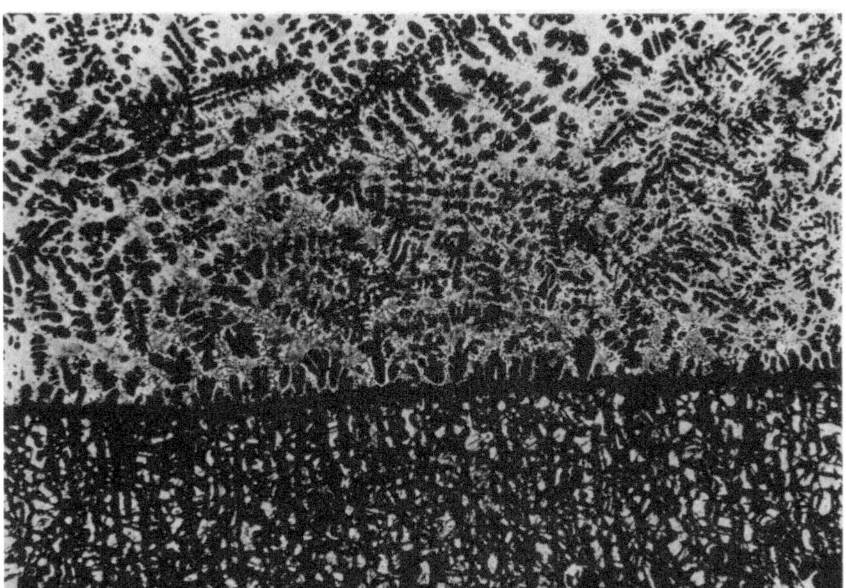

III_2 L_7 F_4 $\times$ 200

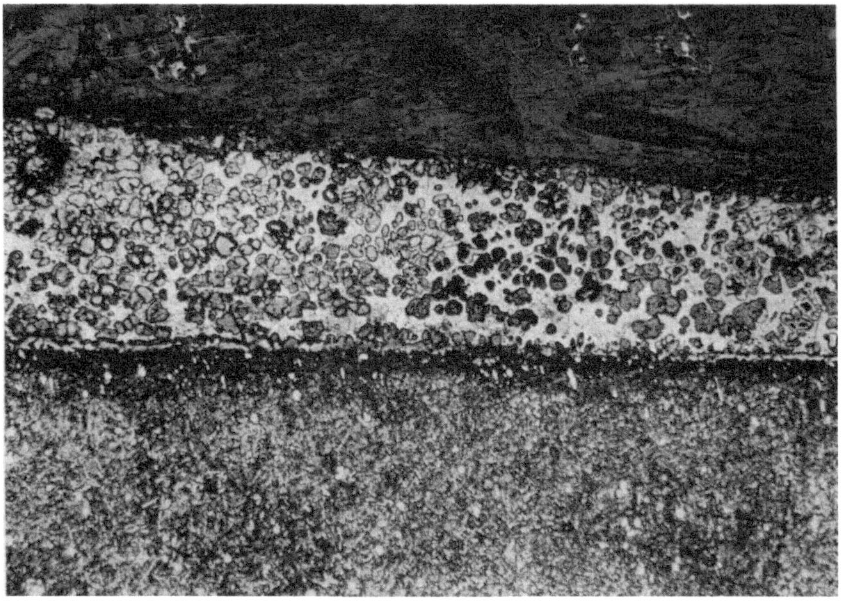

III_3 L_1 F_4 $\times$ 200

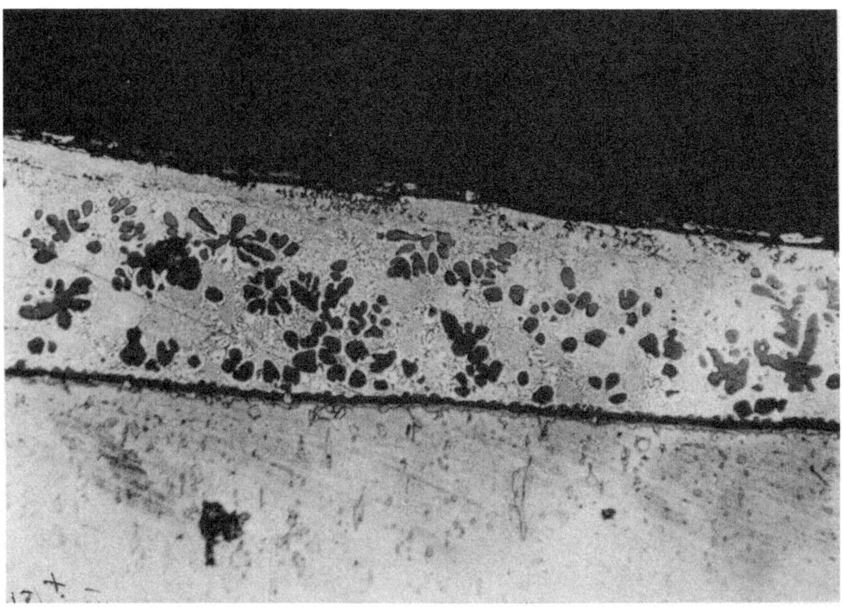

III_3 L_7 F_6 $\times$ 200

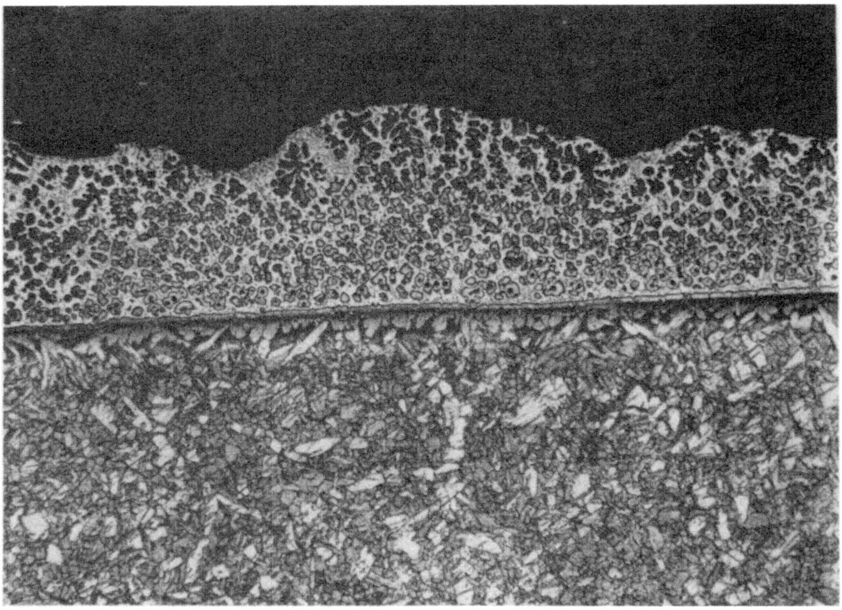

III_4 L_1 $(F_3 + F_6)$ $\times$ 200

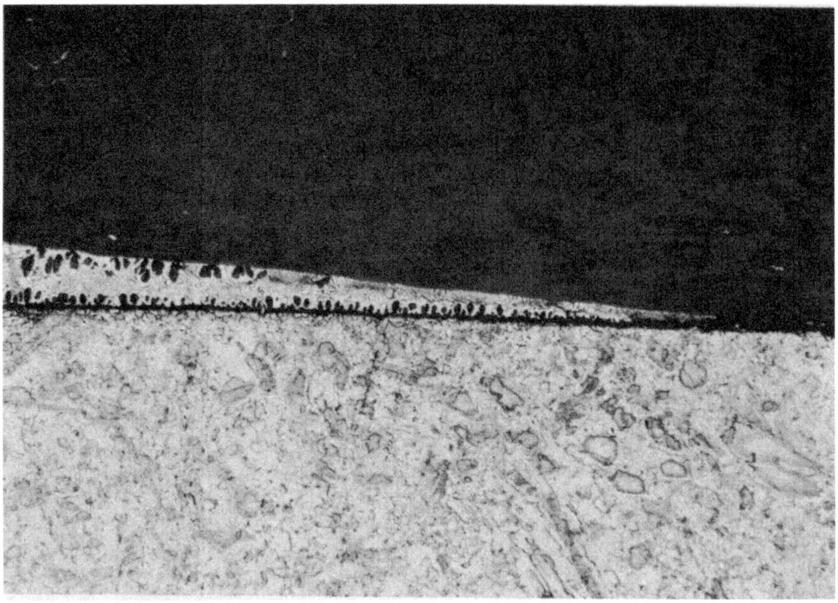

III$_4$ L$_2$ F$_3$ Tropfenrand × 200

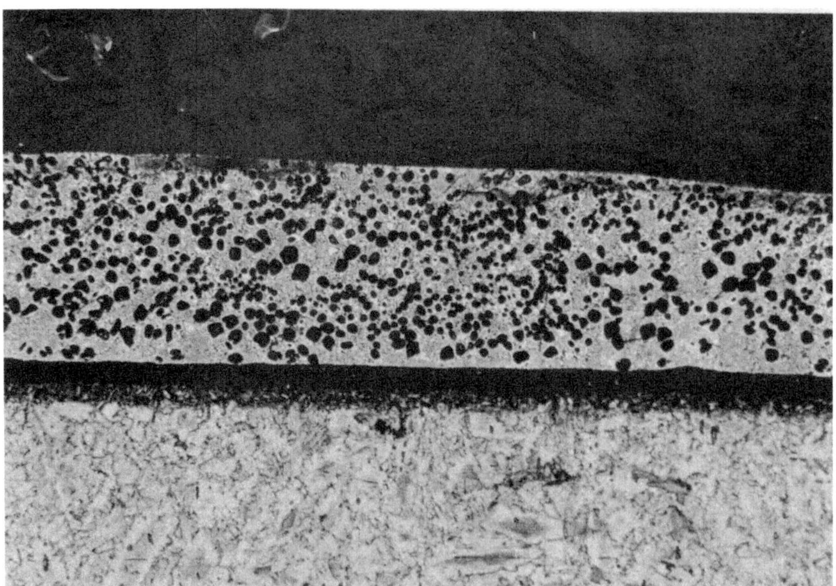

III$_4$ L$_2$ F$_3$ Tropfenmitte × 200

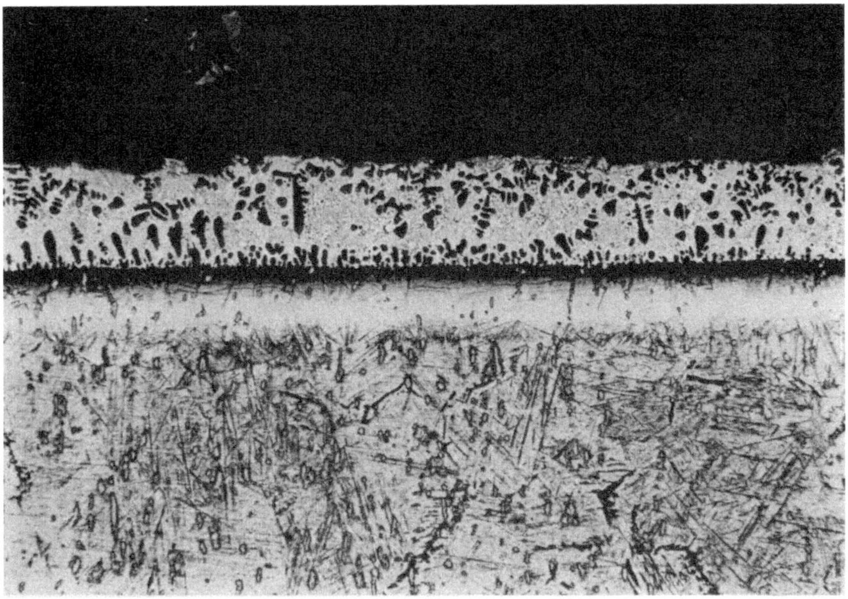

III_4 L_2 F_4 $\times$ 200

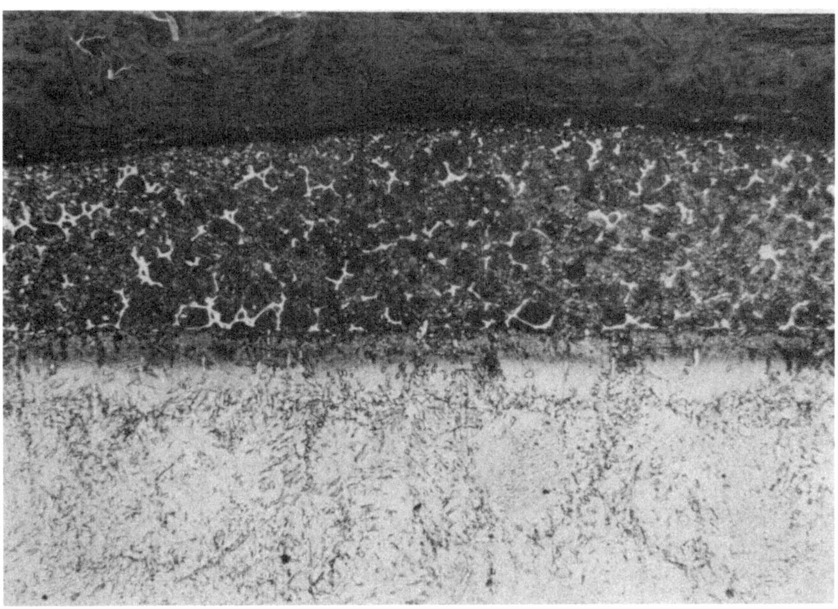

III_4 L_5 F_4 $\times$ 200

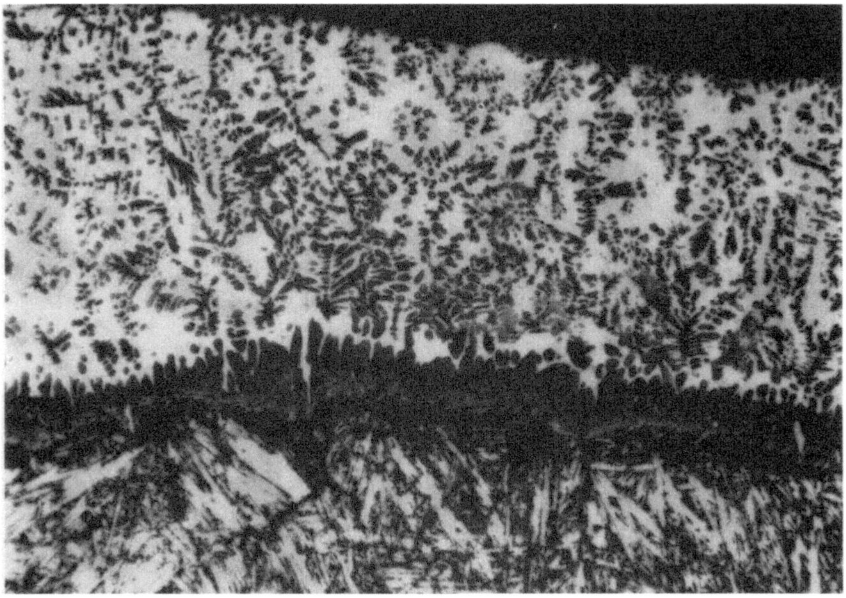

III_4 L_7 F_6 × 200

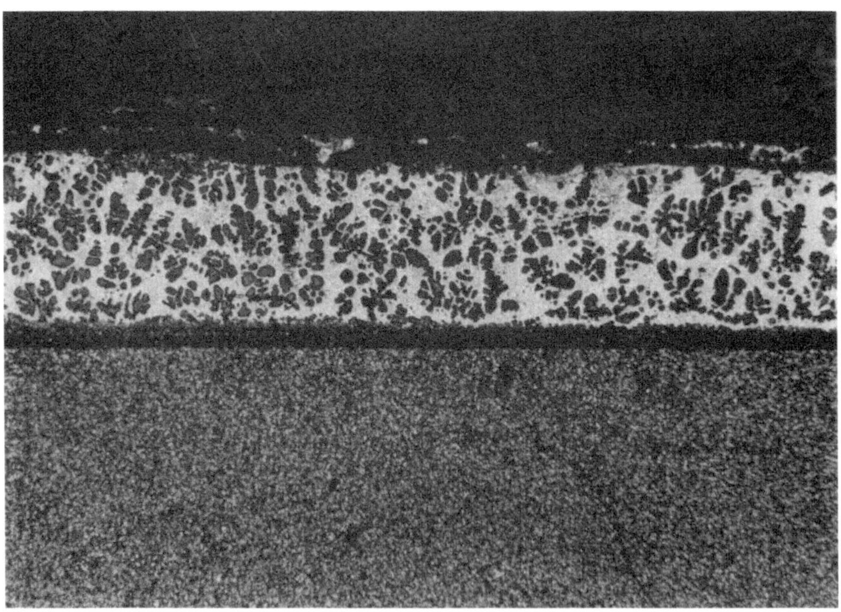

III_5 L_1 F_4 × 200

III$_5$ L$_2$ F$_5$ × 200

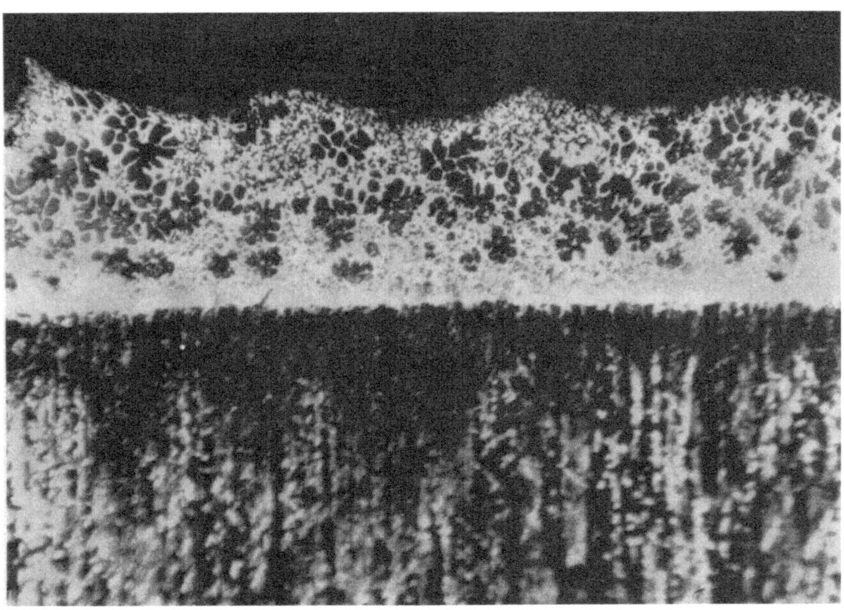

III$_5$ L$_2$ F$_6$ × 200

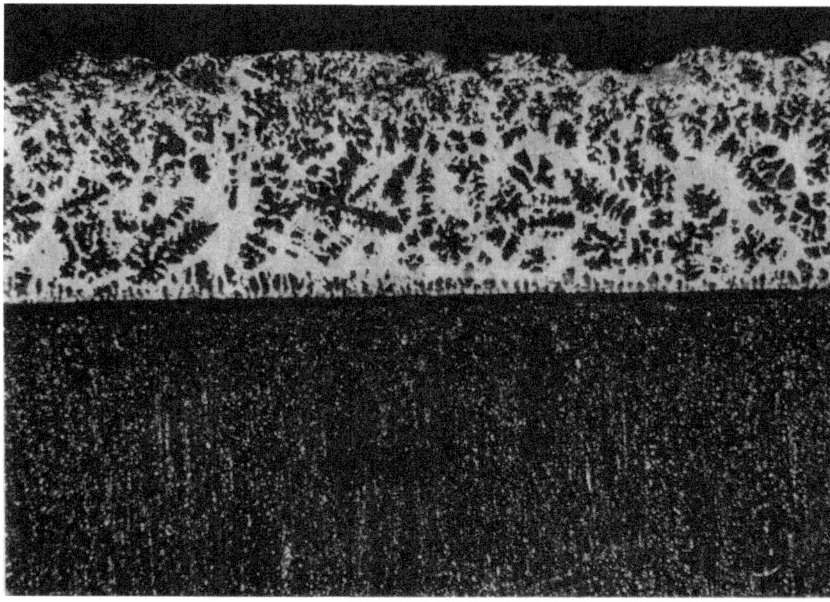

III_5 L_3 F_4 × 200

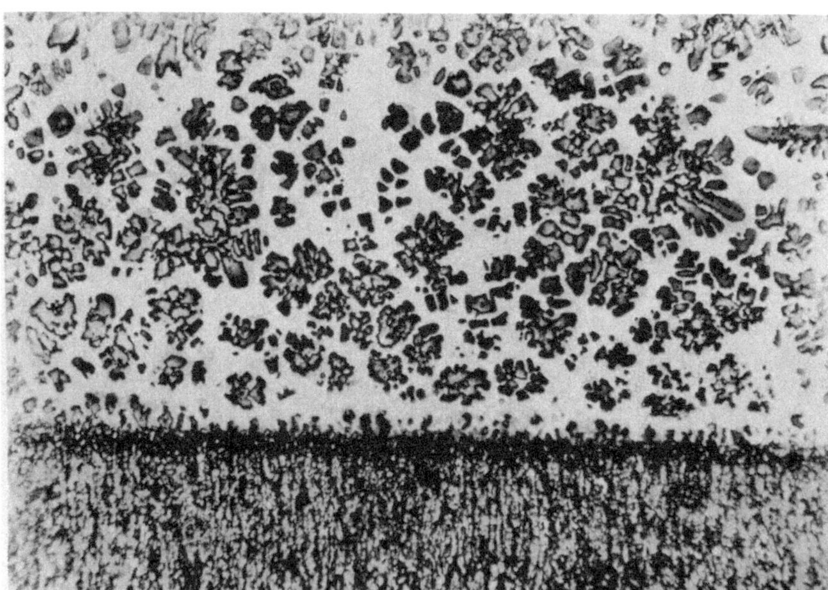

III_5 L_3 F_5 × 200

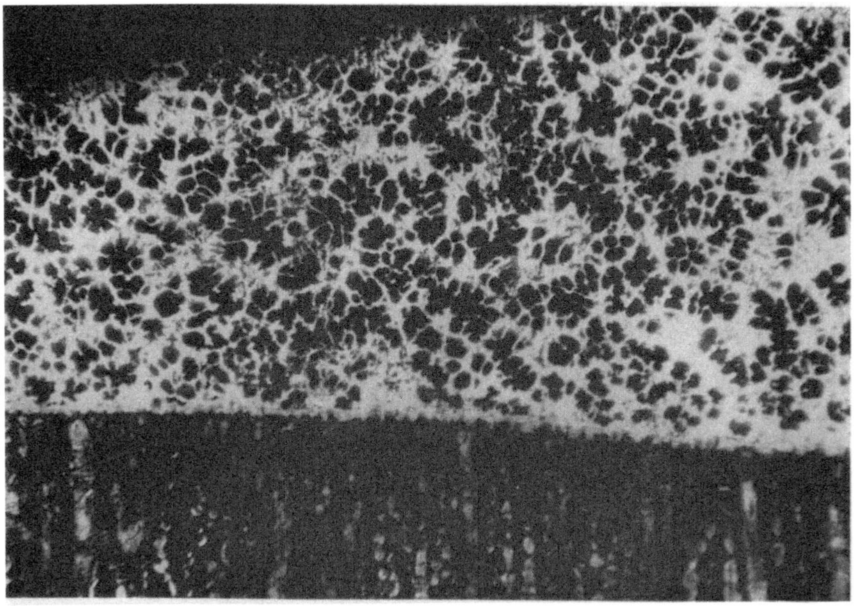

III_5 L_3 F_6 $\times$ 200

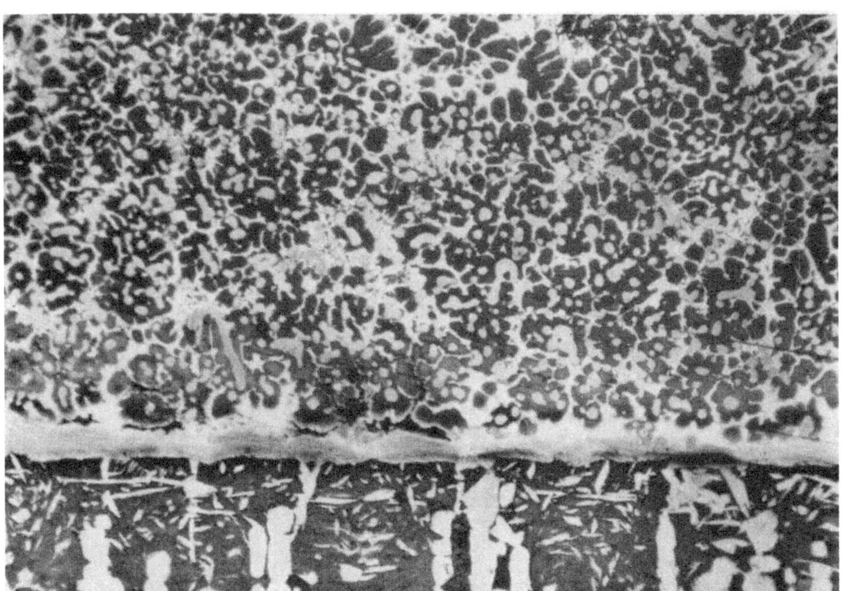

III_5 L_4 F_6 $\times$ 200

III$_5$ L$_4$ F$_5$ Tropfenrand $\times$ 200

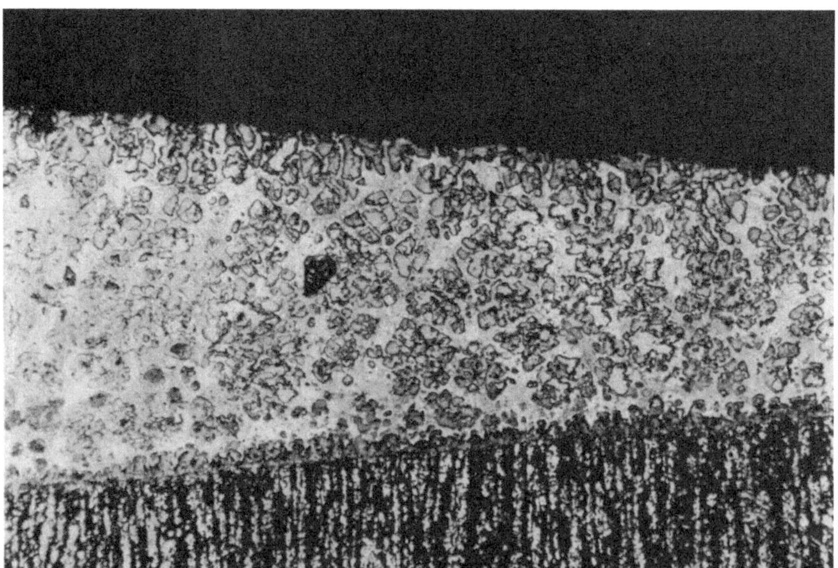

III$_5$ L$_4$ F$_5$ Tropfenmitte $\times$ 200

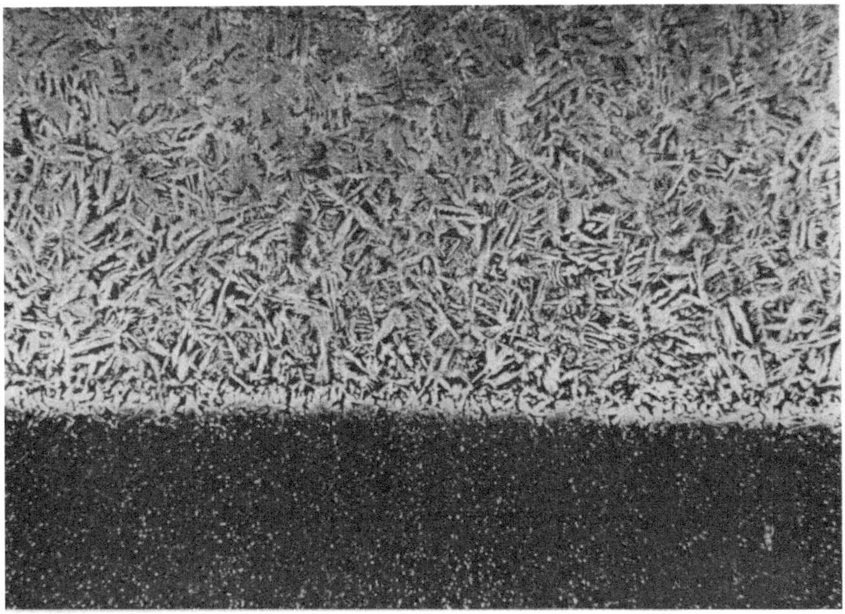

III_5 L_5 F_4 $\times$ 200

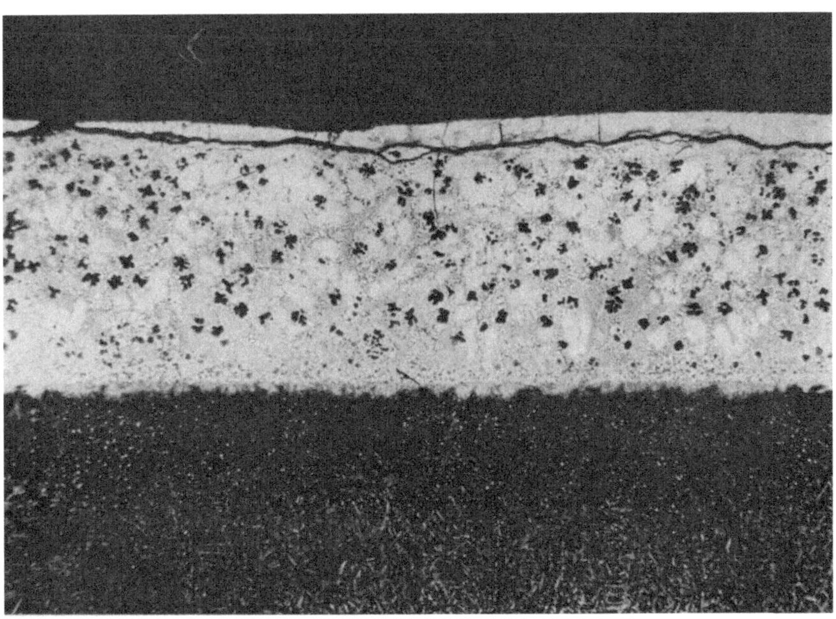

III_5 L_7 F_4 $\times$ 200

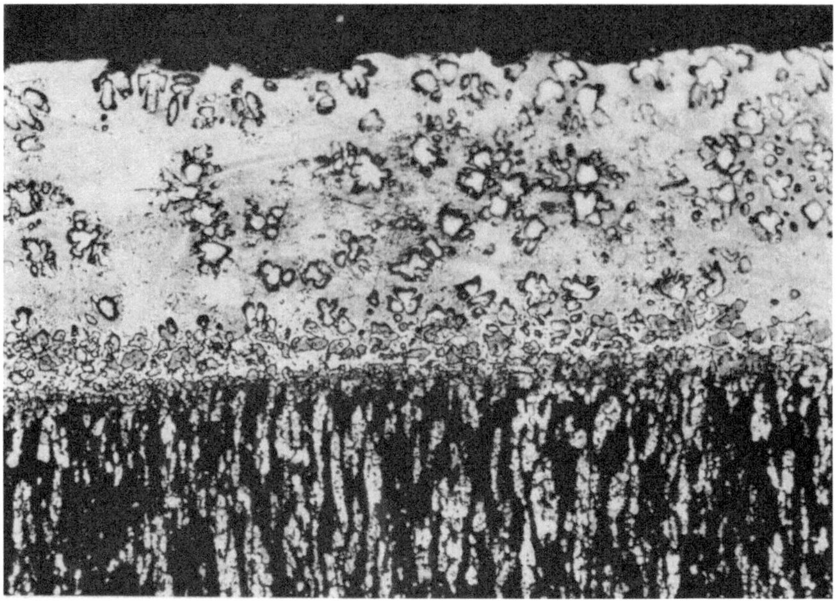

III_5 L_7 F_5 × 200

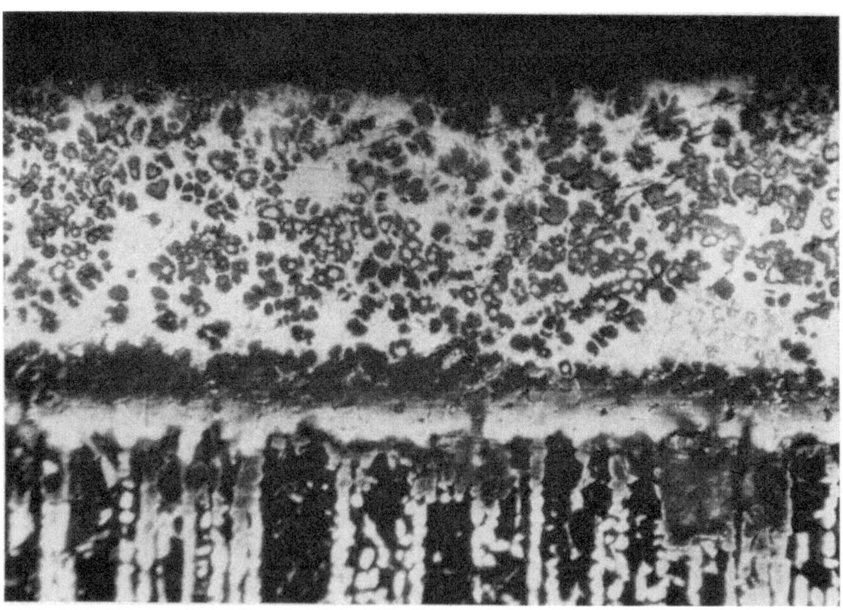

III_5 L_7 F_6 × 200

FORSCHUNGSBERICHTE
DES LANDES NORDRHEIN-WESTFALEN

Herausgegeben im Auftrage des Ministerpräsidenten Dr. Franz Meyers
vom Landesamt für Forschung, Düsseldorf

EISENVERARBEITENDE INDUSTRIE

HEFT 39
Forschungsgesellschaft Blechverarbeitung e. V., Düsseldorf
Aus den Arbeiten des Instituts für Werkzeugmaschinen an der Technischen Hochschule Hannover
Untersuchungen an prägegemusterten und vorgelochten Blechen
1953. 40 Seiten, 34 Abb. DM 9,50

HEFT 43
Forschungsgesellschaft Blechverarbeitung e. V., Düsseldorf
Forschungsergebnisse über das Beizen von Blechen
1953. 41 Seiten, 38 Abb., 3 Tabellen. Vergriffen

HEFT 51
Verein zur Förderung von Forschungs- und Entwicklungsarbeiten in der Werkzeugindustrie e. V., Remscheid
Untersuchungen an Kreissägeblättern für Holz, Fehler- und Spannungsprüfverfahren
1953. 39 Seiten, 23 Abb. DM 10,—

HEFT 56
Forschungsgesellschaft Blechverarbeitung e. V., Düsseldorf
Untersuchungen über einige Probleme der Behandlung von Blechoberflächen
1953. 41 Seiten, 42 Abb. Vergriffen

HEFT 60
Forschungsgesellschaft Blechverarbeitung e. V., Düsseldorf
Untersuchungen über das Spritzlackieren im elektrostatischen Hochspannungsfeld
1954. 82 Seiten, 53 Abb., 7 Tabellen. Vergriffen

HEFT 61
Verein zur Förderung von Forschungs- und Entwicklungsarbeiten in der Werkzeugindustrie e. V., Remscheid
Schwingungs- und Arbeitsverhalten von Kreissägeblättern für Holz I
1953. 43 Seiten, 31 Abb. DM 11,40

HEFT 65
Fachverband Schneidwarenindustrie, Solingen
Untersuchungen über das elektrolytische Polieren von Tafelmesserklingen aus rostfreiem Stahl
1954. 79 Seiten, zahlreiche Abb., 9 Tabellen. DM 17,35

HEFT 87
Gemeinschaftsausschuß Verzinken, Düsseldorf
Untersuchungen über Güte von Verzinkungen
1954. 56 Seiten, 56 Abb., 3 Tabellen. Vergriffen

HEFT 98
Fachverband Gesenkschmieden, Hagen
Die Arbeitsgenauigkeit beim Gesenkschmieden unter Hämmern
1954. 117 Seiten, 55 Abb., 9 Tabellen. DM 24,75

HEFT 116
Prof. Dr.-Ing. E. Siebel und Dr.-Ing. Helmut Weiss, Stuttgart
Untersuchungen an einigen Problemen des Tiefziehens — I. Teil
1955. 59 Seiten, 50 Abb., 6 Tabellen. DM 14,50

HEFT 117
Dr.-Ing. H. Beißwänger, Stuttgart und
Dr.-Ing. S. Schwandt, Trier
Untersuchungen an einigen Problemen des Tiefziehens — II. Teil
1954. 77 Seiten, 34 Abb., 8 Tabellen. DM 17,70

HEFT 150
Prof. Dr.-Ing. Otto Kienzle und
Dipl.-Ing. F. Wilhelm Timmerbeil, Hannover
Das Durchziehen enger Kragen an ebenen Fein- und Mittelblechen
1955. 39 Seiten, 20 Abb., 8 Tabellen. DM 11,30

HEFT 177
Dipl.-Ing. Hans Stüdemann, Solingen, und
Dr.-Ing. W. Müchler, Essen
Entwicklung eines Verfahrens zur zahlenmäßigen Bestimmung der Schneideigenschaften von Messerklingen
1956. 92 Seiten, 68 Abb., 4 Tabellen. DM 22,20

HEFT 224
Dipl.-Ing. Hans Stüdemann und Ing. R. Beu, Forschungsinstitut für die Schneidwarenindustrie an der Fachschule für Metallgestaltung und Metalltechnik, Solingen
Verfahren zur Prüfung der Korrosionsbeständigkeit von Messerklingen aus rostfreiem Stahl
1956. 82 Seiten, 28 Abb. DM 16,90

HEFT 225
Dr.-Ing. Eginhard Barz, Remscheid
Der Spannungszustand von Gattersägeblättern
1956. 63 Seiten, 54 Abb. DM 16,50

HEFT 277
Dr.-Ing. W. Müchler, Forschungsinstitut für Metallgestaltung und Metalltechnik, Solingen
Direktor: Dipl.-Ing. Hans Stüdemann
Untersuchung und zahlenmäßige Bestimmung der Schneideigenschaften von Messern mit besonderer Berücksichtigung rostfreier Messerstähle
1956. 47 Seiten, 27 Abb., 5 Tabellen. DM 13,20

HEFT 283
Prof. Dr. phil. Franz Wever und Dr.-Ing. Werner Lueg, Max-Planck-Institut für Eisenforschung, Düsseldorf
Warmstauchversuche zur Ermittlung der Formänderungsfestigkeit von Gesenkschmiede-Stählen
1956. 31 Seiten, 19 Abb. DM 9,90

HEFT 285
Prof. Dr.-Ing. Otto Kienzle, Dr.-Ing. Kurt Lange und Dipl.-Ing. Helmut Meinert, Institut für Werkzeugmaschinen und Umformtechnik der Technischen Hochschule Hannover
Einfluß der Oberfläche auf das Verschleißverhalten von Schmiedegesenken
1956. 50 Seiten, 29 Abb., 8 Tabellen. DM 14,60

HEFT 286
Dr.-Ing. Kurt Lange, Dipl.-Ing. Helmut Meinert, unter Mitarbeit von Dr.-Ing. Heinz Arend, Institut für Werkzeugmaschinen und Umformtechnik der Technischen Hochschule Hannover
Verschleißverhalten hartverchromter Schmiedegesenke
1956. 62 Seiten, 53 Abb., 6 Tabellen. DM 17,65

HEFT 321
Prof. Dr. phil. Franz Wever und Dr. phil. Wolfgang Wepner, Max-Planck-Institut für Eisenforschung, Düsseldorf
Gleichzeitige Bestimmung kleiner Kohlenstoff- und Stickstoffgehalte im α-Eisen durch Dämpfungsmessung
1956. 17 Seiten, 4 Abb., 3 Tabellen. DM 6,80

HEFT 322
Prof. Dr.-Ing. Franz Bollenrath und Dipl.-Ing. Wilhelm Domke, Aachen
Eigenspannungen in vergüteten, dickwandigen Stahlzylindern nach Oberflächenhärtung mit induktiver Erwärmung
1956. 17 Seiten, 9 Abb., 2 Tabellen. DM 6,90

HEFT 360
Dr.-Ing. Eginhard Barz, Remscheid
Fertigungsverfahren und Spannungsverlauf bei Kreissägeblättern für Holz
1957. 68 Seiten, 40 Abb. DM 17,—

HEFT 367
Dr. rer. nat. Dietrich Horstmann, Max-Planck-Institut für Eisenforschung und Gemeinschaftsausschuß Verzinken, Düsseldorf
Der Angriff eisengesättigter Zinkschmelzen auf kohlenstoff-, schwefel- und phosphorhaltiges Eisen
1957. 42 Seiten, 22 Abb., 6 Tabellen. DM 12,85

HEFT 375
Technischer Überwachungs-Verein e. V., Essen
Wanddickenmessungen mittels radioaktiver Strahlen und Zählrohrgerät
1958. 24 Seiten, 15 Abb. DM 9,55

HEFT 376
Technischer Überwachungs-Verein e. V., Essen
Wasserumlaufprobleme an Hochdruckkesseln
1958. 126 Seiten, 56 Abb., 8 Tabellen. DM 32,60

HEFT 377
Technischer Überwachungs-Verein e. V., Essen
Versuche an Wanderrostkesseln mit befeuchteter Verbrennungsluft
1958. 35 Seiten, 19 Abb., 2 Tabellen. DM 12,20

HEFT 395
Dipl.-Ing. Ludwig Hahn, Clausthal-Zellerfeld
Untersuchungen zur Frage des optimalen Bohrloch- und Patronendurchmessers
1957. 119 Seiten, 49 Abb., 19 Tabellen. DM 31,25

HEFT 445
Dr. Ing. Eginhard Barz, Remscheid
Fertigungs- und Prüfverfahren für Feilen
Vergriffen

HEFT 447
Prof. Dr.-Ing. Franz Bollenrath, Aachen
Dr.-Ing. H. Füllenbach, Seesen und
Dipl.-Ing. J. Schumacher, Neubeckum
Entwicklung rationell arbeitender Spritzkabinen
1958. 44 Seiten, 26 Abb. Vergriffen

HEFT 473
Prof. Dr. phil. Franz Wever, Dr.-Ing. Werner Lueg und Dipl.-Ing. Paul Funke jr., Max-Planck-Institut für Eisenforschung, Düsseldorf
Versuche an einer hydraulischen 25-t-Stangenziehbank
1957. 22 Seiten, 11 Abb. DM 8,95

HEFT 557
Dr.-Ing. Hans Schiffers, Dipl.-Ing. Dieter Ammann, Dipl.-Ing. Erich Brugger und Dipl.-Ing. Rudolf Dicke, Gießerei-Institut der Rhein.-Westf. Technischen Hochschule Aachen
Härtbarkeit von Gußeisen mit Lamellen- und Kugelgraphit in Abhängigkeit von Zusammensetzung und Gefüge
1958. 29 Seiten, 24 Abb., 1 Tabelle. DM 11,—

HEFT 630
Prof. Dr. phil. Walter Koch und Dr. techn. Dipl.-Ing. Hanns Malissa, Max-Planck-Institut für Eisenforschung, Düsseldorf
Beiträge zur Spurenanalyse im Reinsteisen
1958. 25 Seiten, 8 Tabellen. DM 7,60

HEFT 639
Prof. Dr.-Ing. habil. Karl Krekeler, Dr.-Ing. Heinz Peukert und Dipl.-Ing. Otto Schwarz, Institut für Kunststoffverarbeitung an der Rhein.-Westf. Technischen Hochschule Aachen
Auswertung der in- und ausländischen Literatur auf dem Gebiete des Metallklebens
1958. 152 Seiten. Vergriffen

HEFT 655
Dr. rer. pol. A. Theodor Wuppermann, Prof. Dr.-Ing. M. Pfender und Reg.-Rat Dipl.-Ing. E. Amedick, im Auftrage des Vereins Deutscher Eisenhüttenleute, Düsseldorf
Untersuchung des Einflusses von Oberflächenfehlern auf die Dauerhaltbarkeit von Kurbelwellen
1958. 48 Seiten, 101 Abb., 4 Tabellen. Vergriffen

HEFT 680
Prof. Dr. phil. Walter Koch, Dr.-Ing. Angelika Schrader, Dr.-Ing. habil. Alfred Krisch und Dipl.-Phys. Helmut Rohde, Max-Planck-Institut für Eisenforschung, Düsseldorf
Änderungen im Gefügeaufbau austenitischer Chrom-Nickel-Stähle bei Zeitstandversuchen von mehrjähriger Dauer
1959. 37 Seiten, 23 Abb., 5 Tabellen. DM 12,20

HEFT 681
Prof. Dr.-Ing. Dr.-Ing. E. h. Hermann Schenk und Dr.-Ing. Werner Wenzel, Institut für Eisenhüttenwesen der Rhein.-Westf. Technischen Hochschule Aachen
Die Reduktion von Eisenerzen im Elektro-Fließbett
1959. 76 Seiten, 20 Abb., 12 Tabellen. DM 19,60

HEFT 693
Prof. Dr.-Ing. Otto Kienzle, Dr.-Ing. Friedrich Wilhelm Timmerbeil und Dr.-Ing. Thomas Jordan, Hannover
Einige Untersuchungen über das Schneiden von Blechen
1959. 55 Seiten, 54 Abb., 3 Tabellen. DM 17,40

HEFT 702
Prof. Dr. phil. Walter Koch und Dipl.-Phys. Dr. rer. nat. Hans Lüdering, Max-Planck-Institut für Eisenforschung, Düsseldorf
Statistische Auswertung von Thomasroheisenproben guter und schlechter Verblasbarkeit
1959. 20 Seiten, 3 Abb., 3 Tabellen. DM 6,50

HEFT 703
Prof. Dr. phil. Walter Koch und Dipl.-Phys. Dr. phil. Heinz Sundermann, Max-Planck-Institut für Eisenforschung, Düsseldorf
Isolierungstechnische Untersuchungen an Thomasroheisen
1959. 28 Seiten, 16 Abb., 1 Tabelle. DM 9,—

HEFT 705
Dr.-Ing. Karl Ernst Mayer, Dr.-Ing. Helmut Knüppel, Ing. Arthur Stumpf, Dortmund-Hörder-Hüttenunion AG, Dortmund, und Prof. Dr. phil. Walter Koch, Max-Planck-Institut für Eisenforschung, Düsseldorf
Wege zur automatischen Überwachung des Thomasverfahrens
1959. 56 Seiten, 20 Abb., 7 Tabellen. DM 14,80

HEFT 714
Prof. Dr.-Ing. Wilhelm Patterson, Gießerei-Institut der Rhein.-Westf. Technischen Hochschule Aachen
Wirkung einer Gasspülung auf den Magnesiumverbrauch bei der Herstellung von Gußeisen mit Kugelgraphit
1959. 44 Seiten, 35 Abb., 14 Tabellen. DM 13,40

HEFT 728
Dr.-Ing. Klaus Spies, Dortmund
Die Zwischenformen beim Gesenkschmieden und ihre Herstellung durch Formwalzen
1959. 113 Seiten, 61 Abb., 2 Tabellen. DM 29,60

HEFT 740
Dr. rer. nat. Dietrich Horstmann, Max-Planck-Institut für Eisenforschung und Gemeinschaftsausschuß Verzinken, Düsseldorf
Einfluß einiger Eisen- und Zinkbegleiter auf Größe und Art des Zinkangriffs auf Eisen
1959. 38 Seiten, 22 Abb., 1 Tabelle. DM 12,60

HEFT 741
Dipl.-Ing. Hans Stüdemann, Dipl.-Ing. Fritz Esselborn und Ing. Hermann Hartmann, Forschungsinstitut an der Fachschule für Metallgestaltung und Metalltechnik, Solingen
Untersuchungen zur Prüfung der Korrosionsbeständigkeit rostbeständiger Besteckbleche aus Chromstahl
1959. 31 Seiten, 30 Abb., 4 Tabellen. DM 10,30

HEFT 742
Dr.-Ing. Eginhard Barz, Verein zur Förderung von Forschungs- und Entwicklungsarbeiten in der Werkzeugindustrie e. V., Remscheid
Schneideigenschaften von schneidenden Zangen und Prüfverfahren
1959. 66 Seiten, 40 Abb., 4 Tabellen. DM 18,40

HEFT 757

Dr.-Ing. Angelika Schrader und
Dr.-Ing. habil. Alfred Krisch, Max-Planck-Institut für Eisenforschung, Düsseldorf

Mikroskopische Beobachtungen von Ausscheidungen in austenitischen und ferritischen Stählen nach dem Kriechversuch

1959. 21 Seiten, 22 Abb., 1 Tabelle. DM 8,60

HEFT 780

Prof. Dr. phil. Franz Wever, Dr.-Ing. Werner Lueg und Dr.-Ing. Paul Funke, Max-Planck-Institut für Eisenforschung, Düsseldorf

Untersuchung von Walzölen und Walzölemulsionen im Kaltwalzversuch

1959. 68 Seiten, 28 Abb., mehr. Tabellen. DM 18,50

HEFT 781

Verein zur Förderung von Forschungs- und Entwicklungsarbeiten in der Werkzeugindustrie e. V., Remscheid

Verformungseinflüsse bei der Feilenherstellung

1959. 65 Seiten, 39 Abb. DM 20,—

HEFT 840

Prof. Dr. phil. Franz Wever,
Dr.-Ing. Hans-Günter Müller und
Dr.-Ing. Paul Funke, Max-Planck-Institut für Eisenforschung, Düsseldorf

Versuchsmäßige und rechnerische Bestimmung von Walzkraft und Drehmoment unter Einwirkung von Bandzugspannungen beim Kaltwalzen von Bandstahl

1960. 36 Seiten, 12 Abb., 3 Tafeln. DM 10,90

HEFT 841

Dr. rer. nat. Hubert Blanck, Max-Planck-Institut für Eisenforschung, Düsseldorf

Untersuchungen zur Kinetik des Martensitzerfalls

1960. 33 Seiten, 11 Abb. DM 10,30

HEFT 848

Dipl.-Ing. Hans-Jochen Stöter, Institut für Werkzeugmaschinen und Umformtechnik der Technischen Hochschule Hannover

Untersuchung des Schmiedevorganges in Hammer und Presse, insbesondere hinsichtlich des Steigens

1960. 133 Seiten, 62 Abb., 8 Tabellen. DM 35,60

HEFT 889

Dr.-Ing. Werner Hufschmidt, Lehrstuhl für Heizung und Lüftung an der Rhein.-Westf. Technischen Hochschule Aachen

Die Eigenschaften von Rippenrohrluftkühlern im Arbeitsbereich der Klimaanlage

1960. 125 Seiten, 37 Abb. DM 33,30

HEFT 890

Dr.-Ing. Heinz Meyer, Institut für Werkzeugmaschinen und Umformtechnik, Technische Hochschule Hannover

Untersuchungen über den Umformvorgang in Waagerecht-Stauchmaschinen

1960. 75 Seiten, 61 Abb., 3 Tabellen. DM 21,90

HEFT 916

Dipl.-Ing. Hans-Joachim Crasemann, Forschungsstelle Blechbearbeitung am Institut für Werkzeugmaschinen und Umformtechnik der Technischen Hochschule Hannover
Direktor: Prof. Dr.-Ing. Dr.-Ing. E. h. Otto Kienzle

Der offene, kreuzende Scherschnitt an Blechen

1960. 138 Seiten, 66 Abb., 10 Tabellen. DM 40,70

HEFT 1000

Dipl.-Ing. Hartmut Tolkien, Institut für Werkzeugmaschinen und Umformtechnik der Technischen Hochschule Hannover
Direktor: Prof. Dr.-Ing. Dr.-Ing. E. h. Otto Kienzle

Schmierwirkungen in Schmiedegesenken

1961. 150 Seiten, 75 Abb., 2 Tabellen, 1 Anhang. DM 44,90

HEFT 1004

Dr.-Ing. Eginhard Barz, Verein zur Förderung von Forschungs- und Entwicklungsarbeiten in der Werkzeugindustrie e. V., Remscheid

Untersuchung von Schraubendrehern und Schraubenverbindungen

1961. 68 Seiten, 26 Abb., 12 Tabellen. DM 22,30

HEFT 1027

Dr.-Ing. Eginhard Barz, Verein zur Förderung von Forschungs- und Entwicklungsarbeiten in der Werkzeugindustrie e. V., Remscheid

Prüfung von Feilen

1961. 57 Seiten, 23 Abb., 7 Tabellen. DM 20,50

HEFT 1028

Dr.-Ing. Siegfried Stendorf, Verein zur Förderung von Forschungs- und Entwicklungsarbeiten in der Werkzeugindustrie e. V., Remscheid

Das Gleitstauchen von Schneidezähnen an Sägen für Holz

1961. 138 Seiten, 85 Abb., 9 Tabellen. DM 47,10

HEFT 1056

Dr.-Ing. Oskar Pawelski und Dr.-Ing. Werner Lueg †, Max-Planck-Institut für Eisenforschung, Düsseldorf

Der Spannungszustand beim Ziehen und Einstoßen von runden Stangen

1962. 106 Seiten, 35 Abb., 10 Tabellen. DM 33,60

HEFT 1089

Direktor Dipl.-Ing. Hans Stüdemann und
Dr.-Ing. Fritz Esselborn, Forschungsinstitut an der Fachschule für Metallgestaltung und Metalltechnik, Solingen

Untersuchungen über den Einfluß der Zusammensetzung und Gefügeausbildung auf das Härtungsverhalten des Stahles X 40 Cr 13

1962. 37 Seiten, 37 Abb., 8 Tabellen. DM 17,—

HEFT 1091

Dipl.-Ing. Kurt Buchmann, Forschungsgesellschaft Blechverarbeitung e. V., Düsseldorf

Beitrag zur Verschleißbeurteilung beim Schneiden von Stahlfeinblechen

1962. 126 Seiten, 77 Abb. DM 71,40

HEFT 1129

Prof. Dr.-Ing. Joseph Mathieu, Forschungsinstitut für Rationalisierung an der Rhein.-Westf. Technischen Hochschule, Aachen, im Auftrage des Fachverbandes Gesenkschmieden im Wirtschaftsverband Stahlverformung, Hagen

Richtwerte für eine Platzkostenrechnung in der Gesenkschmiedeindustrie

1963. 54 Seiten, 7 Tabellen, 52 Seiten tabellarischer Anhang. DM 63,30

HEFT 1140

Direktor Dipl.-Ing. Hans Stüdemann und Dipl.-Ing. Fritz Esselborn, Forschungsinstitut an der Fachschule für Metallgestaltung und Metalltechnik, Solingen

Einflüsse der Prüfbedingungen auf die Ergebnisse von Schneideigenschaftsprüfungen an Messern

1962. 33 Seiten, 24 Abb. DM 14,80

HEFT 1162

Prof. Dr.-Ing. Dr.-Ing. E. h. Otto Kienzle und Dipl.-Ing. Manfred Meyer, im Auftrage der Forschungsgesellschaft Blechverarbeitung e. V., Düsseldorf

Verfahren zur Erzielung glatter Schnittflächen beim vollkantigen Schneiden von Blech

1963. 114 Seiten, 71 Abb., 6 Tabellen. DM 60,40

HEFT 1164

Dr.-Ing. Eginhard Barz u. a., Verein zur Förderung von Forschungs- und Entwicklungsarbeiten in der Werkzeugindustrie e. V., Remscheid

Teil I: Arbeitsverhalten von scheibenförmigen Werkzeugen

Teil II: Schnittversuche von verleimten Holzwerkzeugen

1963. 90 Seiten, 16 Abb., 6 Tabellen. DM 44,80

HEFT 1171

Prof. Dr.-Ing., Dr.-Ing E. h. Otto Kienzle und Dipl.-Ing. Kurt Haverbeck, Hannover, im Auftrage der Forschungsgesellschaft Blechverarbeitung e. V., Düsseldorf

Das Herstellen von Außenborden an Blechteilen zwischen Stempel und Ring

1963. 96 Seiten, 58 Abb. DM 54,50

HEFT 1347

Dr. rer. nat. Dietrich Horstmann, Max-Planck-Institut für Eisenforschung und Gemeinschaftsausschuß Verzinken, Düsseldorf

Allgemeine Gesetzmäßigkeiten des Einflusses von Eisenbegleitern auf die Vorgänge beim Feuerverzinken

1964. 27 Seiten, 17 Abb. 2 Tabellen. DM 16,50

HEFT 1348

Prof. Dr.-Ing. Dr. h. c. Herwart Opitz, Dr.-Ing. Wilfried König und Dipl.-Ing. Wolf-Dieter Neumann, Laboratorium für Werkzeugmaschinen und Betriebslehre der Rhein.-Westf. Technischen Hochschule Aachen

Einfluß verschiedener Schmelzen auf die Zerspanbarkeit von Gesenkschmiedestücken

1964. 99 Seiten, 64 Abb., 12 Tabellen. DM 59,—

HEFT 1349

Dr.-Ing. Tin Ming Wu, Forschungsstelle Gesenkschmieden an der Technischen Hochschule Hannover

Untersuchungen über das Auftragsschweißen von Gesenken für Schmiedestücke aus Stahl

1964. 46 Seiten, 16 Abb., 14 Tabellen. DM 22,80

HEFT 1350

Prof. Dr. phil. Karl Löbberg, Dipl.-Ing. Klaus Röhrig und Dr.-Ing. Peter Sahm, Institut für Gießereikunde der Technischen Universität Berlin

Über die Keimbildung in unlegiertem Kupfer und unlegiertem Eisen

1964. 77 Seiten, 22 Abb., 6 Tabellen. DM 36,—

HEFT 1352

Direktor Dipl.-Ing. Hans Stüdemann und Dr.-Ing. Fritz Esselborn, Forschungsinstitut an der Fachschule für Metallgestaltung und Metalltechnik, Solingen

Die Ergebnisse von Schneideigenschaftsprüfungen an Messern unter Berücksichtigung des Einflusses der geometrischen Form des Messers und des Einflusses der Karbidverteilung und -größe im Werkstoff

1964. 39 Seiten, 48 Abb., 2 Tabellen. DM 21,—

HEFT 1353

Direktor Dipl.-Ing. Hans Stüdemann und Dr.-Ing. Fritz Esselborn, Forschungsinstitut an der Fachschule für Metallgestaltung und Metalltechnik, Solingen

Untersuchungen über den Einfluß unterschiedlicher Herstellungsverfahren auf die Qualität rostbeständiger Messer

1964. 48 Seiten, 53 Abb. DM 22,50

HEFT 1354

Direktor Dipl.-Ing. Hans Stüdemann und Dr.-Ing. Fritz Esselborn, Forschungsinstitut an der Fachschule für Metallgestaltung und Metalltechnik, Solingen

Untersuchungen über den Einfluß der Wärmebehandlung in Zusammenhang mit unterschiedlicher Herstellung auf die Eigenschaften von rostbeständigen Messern

1964. 33 Seiten, 42 Abb. DM 18,—

HEFT 1355

Dr.-Ing. habil. Alfred Krisch, Max-Planck-Institut für Eisenforschung, Düsseldorf

Kriechverhalten, Gefügeänderungen und Risse bei mehrjährigen Zeitstandversuchen

1964. 27 Seiten, 17 Abb., 6 Tabellen. DM 14,80

HEFT 1381
Dr.-Ing. Heinz Meyer-Nolkemper, Forschungsstelle Gesenkschmieden an der Technischen Hochschule Hannover
Im Auftrage des Verbandes Gesenkschmieden im Wirtschaftsverband Stahlverformung, Hagen
Dornen in Waagerecht-Stauchmaschinen
1964. 45 Seiten, 30 Abb., 2 Tabellen. DM 26,50

HEFT 1395
Prof. Dr. rer. techn. Fritz Reutter, Institut für Geometrie und Praktische Mathematik der Rhein.-Westf. Technischen Hochschule Aachen, Dr. rer. nat. Dieter Haupt, Rechenzentrum der Rhein.-Westf. Technischen Hochschule Aachen
Untersuchungen auf dem Gebiet der praktischen Mathematik
1964. 85 Seiten, 6 Abb., 10 Tabellen. DM 53,50

HEFT 1413
Dr. rer. nat. Dietrich Horstmann und Dipl.-Ing. Ulrich Krause, Max-Planck-Institut für Eisenforschung und Gemeinschaftsausschuß Verzinken, Düsseldorf
Einfluß von Oberflächenrauheit und Glühbehandlung auf die Güte verzinkter Bleche
1964. 22 Seiten, 9 Abb., 1 Tabelle. DM 14,—

HEFT 1421
Dr.-Ing. Hermann Füllenbach, Harry Lange, Harry Parthey und Iwan N. Stranski, Forschungsgesellschaft Blechverarbeitung e. V., Düsseldorf
Metallurgische und technologische Untersuchungen an Weichloten
1965. 69 Seiten, 53 Abb., 5 Tabellen. DM 33,—

HEFT 1462
Prof. Dr.-Ing. Dr.-Ing. E.h. Otto Kienzle und Dr.-Ing. Helmut Zabel, Forschungsstelle Gesenkschmieden an der Technischen Hochschule Hannover im Auftrage des Verbandes Deutscher Gesenkschmieden in Hagen
Zerteilen metallischer Stangen durch Abscheren
1965. 169 Seiten, 76 Abb., 4 Tabellen. DM 79,50

HEFT 1486
Dr. rer. nat. Dietrich Horstmann, Max-Planck-Institut für Eisenforschung, Düsseldorf, im Auftrage des Gemeinschaftsausschuß Verzinken, Düsseldorf
Der Einfluß des Blechwerkstoffes und der Verzinkungsbedingungen auf die Eigenschaften verzinkter Bleche und Bänder
1965. 33 Seiten, 14 Abb., 1 Tabelle. DM 18,80

HEFT 1504
Direktor Dipl.-Ing. Hans Stüdemann, Dipl.-Ing. Rolf Both und Ingenieur Ernst Lauterjung, Forschungsinstitut für Schneidwaren, Solingen
Entwicklung eines Prüfgerätes zur Messung des Schneidverhaltens feiner Messerschneiden, unter besonderer Berücksichtigung der Rasierklingen
1965. 43 Seiten, 48 Abb., 2 Tabellen. DM 25,80

HEFT 1534
Prof. Dr. phil. Adolf Rose, Max-Planck-Institut für Eisenforschung, Düsseldorf
Schweißbarkeit und Umwandlungsverhalten der Stähle
1965. 57 Seiten, 20 Abb., 5 Tabellen. DM 39,—

HEFT 1564
Prof. Dr.-Ing. Alfred H. Henning†, Prof. Dr.-Ing. habil. Karl Krekeler und Dipl.-Ing. Friedrich Mittrop, Institut für Kunststoffverarbeitung in Industrie und Handwerk der Rhein.-Westf. Technischen Hochschule Aachen, in Zusammenarbeit mit der Forschungsgesellschaft Blechverarbeitung e. V., Düsseldorf
Untersuchungen über die Kombination Metallkleben–Punktschweißen
1965. 31 Seiten, 20 Abb., 3 Tabellen. DM 19,80

HEFT 1577
Prof. Dr.-Ing. habil. Gerhard Oehler, Forschungsgesellschaft Blechverarbeitung e. V., Düsseldorf
Vergleich und Abgrenzung der Einsatzmöglichkeit der Abkantpressen, der Abkantmaschinen und der Profilwalzmaschinen für Biege-Profil-Formungen
1966. 103 Seiten, 46 Abb., 4 Tafeln, 12 Tabellen. DM 60,90

HEFT 1579
Direktor Dipl.-Ing. Hans Stüdemann, Dipl.-Ing. Hans Brundiek und Rudolf Grube, Forschungsinstitut für Schneidwaren, Solingen
Untersuchungen über den Einfluß der Zusammensetzung und Gefügeausbildungen auf das Anlaßverhalten des Stahles X 40 Cr 13
1965. 43 Seiten, 39 Abb., 1 Tabelle. DM 27,60

HEFT 1581
Prof. Dr.-Ing. habil. A. Matting und Dipl.-Ing. G. Wilkens, Hannover, in Zusammenarbeit mit der Forschungsgesellschaft Blechverarbeitung e. V., Düsseldorf
Rollennahtschweißen von Feinblechen verschiedener Beschaffenheit unter 0,5 mm mit besonderer Berücksichtigung verzinnter Bleche
1966. 39 Seiten, 28 Abb. DM 23,80

HEFT 1598
Dr.-Ing. Hans Groebler, Dr. Julius Seeger und Dr. Carl Boller, Forschungsgesellschaft Blechverarbeitung e. V., Düsseldorf
Verschleißmessungen an Überzügen auf Metalloberflächen
1966. 59 Seiten, 31 Abb., 24 Tabellen. DM 37,—

HEFT 1599
Prof. Dr.-Ing. habil. Alexander Matting, Dr.-Ing. Klaus Ulmer und Ing. Gerhard Hennig, Institut A für Werkstoffkunde der Technischen Hochschule Hannover, in Zusammenarbeit mit der Forschungsgesellschaft Blechverarbeitung e. V., Düsseldorf
Metallkleben
1966. 76 Seiten, 87 Abb., 1 Tabelle. DM 55,70

HEFT 1600
Prof. Dr.-Ing. habil. Adolf Dietzel, Würzburg, in Zusammenarbeit mit der Forschungsgesellschaft Blechverarbeitung e. V., Düsseldorf
Einfluß des Wasserdampfgehaltes der Ofenatmosphäre auf den Stahlblech-Emaillierprozeß
1966. 22 Seiten, 15 Abb. DM 14,80

HEFT 1601
Prof. Dr.-Ing. Dr. h.c. Herwart Opitz, Dr.-Ing. Wilfried König und Dipl.-Ing. Wolf-Dieter Neumann, Laboratorium für Werkzeugmaschinen und Betriebslehre der Rhein.-Westf. Technischen Hochschule Aachen
Streuwertuntersuchungen der Zerspanbarkeit von Werkstücken aus verschiedenen Schmelzen des Stahles C 45
1966. 50 Seiten, 25 Abb., 4 Tabellen. DM 33,50

HEFT 1607
Dr.-Ing. Eginhard Barz und Ing. Karl Oberwinter, Institut für Werkzeugforschung, Remscheid im Auftrage des Vereins zur Förderung von Forschungs- und Entwicklungsarbeiten in der Werkzeugindustrie e. V., Remscheid
Zusammenwirken von Schraubenbetätigungswerkzeugen und Schrauben
Teil I
Untersuchung des zulässigen Größtspiels beim Anziehen von Sechskantschrauben mit Schraubenschlüsseln
TEIL II
Untersuchung der Anpassung von Schraubendrehern an Schlitzschrauben
1966. 81 Seiten, 45 Abb., 6 Tabellen. DM 50,20

HEFT 1613
Prof. Dr.-Ing. habil. Gerhard Oehler, Deutsche Forschungsgesellschaft für Blechverarbeitung und Oberflächenbehandlung e. V., Düsseldorf
Vergleich zwischen kalt und warm umgeformten Böden
1966. 99 Seiten, 84 Abb., 14 Tabellen. DM 57,80

HEFT 1614
Prof. Dr.-Ing. habil. Gerhard Oehler, Forschungsgesellschaft Blechverarbeitung e. V., Düsseldorf
Kräfte- und Leistungsermittlung an Rundbiegemaschinen
1966. 60 Seiten, 26 Abb., 3 Tafeln. DM 45,80

HEFT 1625
Dipl.-Ing. Johannes Hoischen, Verein zur Förderung von Forschungs- und Entwicklungsarbeiten in der Werkzeugindustrie e. V., Remscheid
Belastbarkeit und Abformgenauigkeit der Stempel beim Kalteinsenken
1966. 128 Seiten, 109 Abb. DM 85,80

HEFT 1631
Dipl.-Ing. Heinz Peters, im Auftrage des Vereins zur Förderung von Forschungs- und Entwicklungsarbeiten in der Werkzeugindustrie e. V., Remscheid
Untersuchung von Kettenwerkzeugen auf die günstigste Gestaltung und Anordnung der Schneiden und Glieder
Teil I:
Entwicklung und Bau eines Versuchsstandes für die Untersuchung von Sägeketten
In Vorbereitung

HEFT 1632
Dr.-Ing. Eginhard Barz und Dipl.-Ing. Ulrich Niemann, Institut für Werkzeugforschung, Remscheid, im Auftrage des Vereins zur Förderung von Forschungs- und Entwicklungsarbeiten in der Werkzeugindustrie e. V., Remscheid
Untersuchungen an schneidenden Zangen
Teil I
Untersuchung der unterschiedlichen Schneidenabnutzung bei schneidenden Zangen insbesondere bei Vornschneidern
Teil II
Prüfverfahren für Zangen mit mehrfacher Übersetzung insbesondere für Bolzenschneider
1966. 89 Seiten, 63 Abb., 6 Tabellen. DM 52,10

HEFT 1696
o. Prof. em. Dr.-Ing. Dr.-Ing. E. h. Otto Kienzle und Dr.-Ing. Harry Neumann, Institut für Werkzeugmaschinen und Umformtechnik der Technischen Hochschule Hannover
Methoden zur Bestimmung des elastischen Verhaltens von Pressen beliebiger Breite
In Vorbereitung

HEFT 1697
Dipl.-Ing. Herbert Littnanski, Deutsche Forschungsgesellschaft für Blechverarbeitung und Oberflächenbehandlung e. V., Düsseldorf
Hartlöten mit Silberloten

HEFT 1698
Prof. Dr.-Ing. habil. Gerhard Oehler, Deutsche Forschungsgesellschaft für Blechverarbeitung und Oberflächenbehandlung e. V., Düsseldorf
Untersuchungen über das V-Biegen von Blechen
In Vorbereitung

HEFT 1737
Prof. Dr.-Ing. habil. Gerhard Oehler, Düsseldorf Deutsche Forschungsgesellschaft für Blechverarbeitung und Oberflächenbehandlung e. V., Düsseldorf
Elastische Druckmittel
In Vorbereitung

WESTDEUTSCHER VERLAG · KÖLN UND OPLADEN

567 Opladen/Rhld., Ophovener Straße 1–3

GPSR Compliance

The European Union's (EU) General Product Safety Regulation (GPSR) is a set of rules that requires consumer products to be safe and our obligations to ensure this.

If you have any concerns about our products, you can contact us on ProductSafety@springernature.com

In case Publisher is established outside the EU, the EU authorized representative is:

Springer Nature Customer Service Center GmbH
Europaplatz 3
69115 Heidelberg, Germany

Batch number: 10584556

Printed by Printforce, the Netherlands